生命科学者のための Dr.Bono
データ解析道場
全パソコン対応でスグに使える ずっと使える 第2版

坊農秀雅 著

広島大学大学院統合生命科学研究科
ゲノム編集イノベーションセンター 教授

メディカル・サイエンス・インターナショナル

Dr. Bono's Hands-On Guide to Biological Data Analysis
Second Edition
by Hidemasa Bono

©2023 by Medical Sciences International, Ltd., Tokyo
All rights reserved.
ISBN 978-4-8157-3088-8

Printed and Bound in Japan

序文

『生命科学者のためのDr. Bonoデータ解析実践道場』(以下，道場本)を令和元年の2019年に上梓してからはや4年となる。その間にコロナウイルスの蔓延だけでなく，この本の内容を実践する「バイオインフォマティクス」の授業を持ち，リアルに「Dr. Bono道場」を実践することになっただけでなく，Dr.BonoからProf.Bonoとなり自らの研究室(bonohulab)を開くなど，大きな変化が起きた。毎年4月から8月にかけて，道場本を教科書に「bonohulab道場」を毎週開催している。早いもので，それも今年度(2023年度)で3回目となった。

その間，Windows上でLinux環境を実現するWindows Subsystem for Linux (WSL)のバージョン2であるWSL2が実用的になり，bonohulabでも複数台のシステムを維持しており実際の配列データ解析に多用されている*。また，Macに関してもCPUが独自開発のApple silicon (M1やM2とも呼ばれる)になり，Rosetta 2を介した互換性があるものの，これまでのBiocondaによるプログラムの導入方法ではうまく動かないケースが出てきた。さらにmacOSのアップデートに伴うセキュリティ対策強化の結果，有名どころのバイオインフォマティクスツールであっても「認証ソフトウェア」とはなっておらず，その結果，ダウンロードしてきて実行すると未認証としてブロックされ，これまで流布している手順ではうまくいかないことも多々起こっている。

なお，WSL2の導入の仕方は統合TVの「WSL2 (Windows Subsystem for Linux 2)を導入してWindows10 (11)にLinux環境を構築する」(https://doi.org/10.7875/togotv.2022.015) などを参照してほしい。

しかしながら，この状況に対応した書籍は今のところ出版されてはいない。もちろん，ネット上にはさまざま情報があり，それをうまく集めれば多くの場合解決するだろう。しかし，アップデートの激しいこの分野においては，さまざま時期に書かれた情報があふれている結果，どれを信頼して良いかの判断も難しいのが実情である。2020年代の今，2010年代よりもむしろ参入障壁は高くなっているのではないだろうか。

そこで，初版の出版以来，実に4年ぶりに参加した2022年12月の日本分子生物学会年会で道場本の改訂が可能なものか，版元であるMEDSi(株式会

社メディカル・サイエンス・インターナショナル）の編集者・星山さんと相談した。その結果，上述の状況があることを受け，「データ解析道場」として，より初心者に配慮した本として改訂版を作成することとなった。Apple silicon Macのみならず，これまでのIntel Mac，さらにはWindows（WSL2）での学習も視野にいれた本にしようと，分生の終了直後から改訂に取り組みはじめたのだが，その道のりは決して平坦ではなかった。

まず，Apple siliconでの解決法の模索である。多くはHomebrewの併用でなんとかなったが，なんともならないプログラム（HMMERやsalmonなど）もあった。それらに対してはDockerの使用で乗り切る方策を付記した。これまでのデフォルトであったIntel Macと，それに加えて利用者の増えているWSL2での動作確認も一通り行った。また，これまで紹介していたデータベースも使えなくなっているものが複数あり（PfamやEnsembl Biomart上でのKEGGなど），それに対する対応も多数行った。この4年余りでこんなにも変わっていたのか，とその変化に驚かされた。まさに「諸行無常」である。

改訂にあたり，bonohulabで学位取得第一号となった小野擁子博士にはJupyter Notebookのコードの実例を提供していただくなどお世話になった。また，大学院生時代に初版でデータ解析を勉強したというbonohulabの大貫永輝さんにはかつてのユーザー目線での数々の助言をいただいた。彼以外の多数の読者，特に広島大学ゲノム編集先端人材育成プログラム（卓越大学院プログラム）の「バイオインフォマティクス」の受講者には，初版の不具合に気づくきっかけを与えていただいた。最後に，実際にbonohulab道場に参加した研究室メンバーとの日常のディスカッションがヒントとなって今回の改訂でのさまざまなコンテンツになっている。ここに御礼申し上げる。

本書のX（旧Twitter）のハッシュタグは #drbonodojo

2023年初夏　梅雨明けが待ち遠しい，東広島にて
坊農秀雅

本書の使い方

本書は，前から順に通読するのはもちろん，リファレンスとして知りたい項目のみの利用も可能である。各章の概要は以下の通りになっている。

- 第1章「準備編」は，PCを買う際の指南から，外付けドライブのフォーマットなど生命科学データ解析向けにセットアップする際に気をつけるべきことを中心に解説した。
- 第2章「基礎編」は，UNIXコマンドライン（シェル）を使うための基本的なことを解説した。なぜコマンドラインを使うのかから説き起こし，基本的な操作，シェルスクリプトを使ったコンピュータ操作，ネットワークを介して複数のコンピュータを操作する方法，公共データベースからのデータ取得など，生命科学データ解析に必要不可欠なスキルに関して詳細に説明している。
- 第3章「実践編」は，6つのセクションからなり，コマンドライン処理が有効なデータ解析について説明している。
    - 3.1 ゲノム配列解析の初歩
    - 3.2 配列類似性検索（BLASTによる）
    - 3.3 系統樹作成
    - 3.4 タンパク質のドメイン解析
    - 3.5 遺伝子発現の定量解析
    - 3.6 データの統合解析

ただ，第3章は前のセクションで出てきたデータやデータベース（ヒトゲノム配列やUniProtのタンパク質配列），そしてツール（おもにBLAST）を再利用しているところも多くあるので，2.5節「公共データベースからのデータ取得」は先に読んでおいて損はないだろう。本書で紹介しているコマンドラインのプログラム群は，出版時点においてApple SiliconとIntel CPUのMacとWindows10上のUbuntu（WSL2）で正しく動くものであったことを確認している。時間の経過とともに色々な不具合が出てくることは経験上知られており，そこはインターネット検索するなどさまざまな手段で乗り越えていく必要があるかと思う。

必要なPCのスペック

本書は，ヒトゲノム配列に対する翻訳しながらのBLAST検索（tblastx）などを除き，Windows PCやMacBook Airでも十分に解析可能な例で解説している。ただ，OSのバージョンが古すぎるとツールがサポート対象外で動かないこともありえるので，できる限り最新バージョンのOSで実行することをおすすめする。

Dr. Bonoが動作を確認したのは以下の3種類のMacやPCである。

1. Apple silicon Mac
   MacBook Pro（14インチ，2021）
   メモリ：64GB
   チップ Apple M1 Max
   macOS Monterey バージョン12.6.5

2. Intel Mac
   MacBook Pro（13インチ，2020）
   メモリ：32GB
   プロセッサ：2.3 GHz クアッドコア Intel Core i7
   macOS Ventura 13.3.1（a）

3. Windows PC
   メモリ：64GB
   プロセッサ：2.6GHz 6コア Intel Core i7
   Windows 10 Pro 22H2 + WSL2（Ubuntu）

必要ストレージ容量

本書で必要とするファイルは，基本的にはオリジナルのダウンロード元から取得することを推奨しているが，読者の参考のためDrBonoDojo2 GitHub（https://github.com/bonohu/DrBonoDojo2/）以下にもアップロードしてある。しかしながら，1つのファイルサイズが50 M byteを超えるファイルのアップロードはGitHubでは非推奨のため，それに該当する大きなサイズのファイルは除いている。

本書で必要とするファイルを消さずにすべて溜めこんだ場合には，全部で約150 G byteになってしまうので，それ以上のストレージを準備するか，あるいは適宜ファイルを消していただきたい。中間ファイルなどの生成で一時的に容量が使われる可能性もあるので，ストレージの空き容量は余裕をもって確保しておいたほうがよいだろう。ただ，次世代シークエンサーからの配列データを多用する3.1と3.5節以外は，それほどデータ量は大きくない。

概要目次

序文　　　iii

Dr. Bono のデータ解析 8 箇条　　　1

1 章　準備編　　　3

    1.1　コンピュータを買おう　　　3
    1.2　コンピュータをセットアップしよう　　　7
    1.3　周辺機器の設定　　　11

2 章　基礎編　　　15

    2.1　UNIX コマンドラインを使ってみよう　　　15
    2.2　コマンドラインの基本操作　　　17
    2.3　シェルプログラミングのための環境構築　　　37
    2.4　ネットワークを介して遠隔のコンピュータを操作する　　　59
    2.5　公共データベースからのデータ取得　　　70

3 章　実践編　　　87

    3.1　ゲノム配列解析の初歩　　　87
    3.2　配列類似性検索　　　102
    3.3　系統樹作成　　　124
    3.4　タンパク質構造解析　　　143
    3.5　トランスクリプトーム解析　　　163
    3.6　データ統合解析　　　186

目次

序文　　　iii

Dr. Bono のデータ解析 8 箇条　　　1

1 章　準備編　　　3

1.1　コンピュータを買おう　　　3
デスクトップ型かノート型か　　　4
基本満タン　　　6
優先順位は CPU よりもメモリの方が高い　　　6

1.2　コンピュータをセットアップしよう　　　7
ネットワーク設定を確認せよ　　　7
自動的にスリープさせない設定にすべし　　　8
有用ユーティリティを常駐させるべし　　　9

1.3　周辺機器の設定　　　11
外付けドライブは買ったらすぐフォーマットすべし　　　11
バックアップをとるべし　　　12

2 章　基礎編　　　15

2.1　UNIX コマンドラインを使ってみよう　　　15
ビッグデータ対応　　　15
時間節約　　　16
繰り返し処理　　　16
必要性　　　17
再現性　　　17

2.2　コマンドラインの基本操作　　　17
ディレクトリとは　　　18
　ディレクトリ操作のコマンド　　　19
ファイル操作　　　21
　基本コマンド　　　21
　ファイルの中身をみる，探す　　　23
　ファイルの権限を変更する　　　24
　ファイルやディレクトリの測定　　　26

　　　　　ファイルの圧縮と展開　　　27
　　　　　パイプとリダイレクト　　　28
　　　　　プロセス操作　　　31
　　　　シェルコマンド　　　32
　　　　コマンドサーチパス　　　34
　　　　　いろいろなパス表記　　　35
2.3　シェルプログラミングのための環境構築　　　37
　　　　パッケージマネージャーで環境構築　　　37
　　　　　Bioconda のインストール　　　37
　　　　　Bioconda の利用例 1：coreutils　　　40
　　　　　Bioconda の利用例 2：EMBOSS　　　42
　　　　　Bioconda 以外のパッケージマネージャー　　　47
　　　　繰り返し処理　　　49
　　　　バッチスクリプト　　　51
　　　　Git，GitHub の利用　　　52
　　　　生命科学分野で使われるプログラミング言語　　　53
　　　　　awk　　　54
　　　　　Perl　　　54
　　　　　Ruby　　　55
　　　　　R　　　55
　　　　　Python　　　56
　　　　　Julia　　　57
　　　　再現する計算結果をめざして：Docker　　　57
2.4　ネットワークを介して遠隔のコンピュータを操作する　　　59
　　　　ssh　　　59
　　　　rsync　　　61
　　　　byobu　　　63
　　　　　byobu のインストールとそのトラブルシューティング　　　64
　　　　　byobu の初期設定　　　65
　　　　　byobu の使いこなし　　　66
2.5　公共データベースからのデータ取得　　　70
　　　　コマンドラインでのデータ取得　　　70
　　　　　curl や wget によるコマンドラインファイル取得　　　70
　　　　TOGOWS による個別の塩基配列取得　　　73
　　　　　繰り返し処理によるデータ取得（通し番号編）　　　75
　　　　　繰り返し処理によるデータ取得（リスト編）　　　76

　　　　DB そのものの取得　　78
　　　　　　lftp による再帰的なバッチスクリプトを用いた取得　　79

3章　実践編　87

3.1　ゲノム配列解析の初歩　　87
　　　　リファレンスゲノム配列データの取得　　88
　　　　コマンドラインでの SRA からのデータ取得　　90
　　　　ゲノムマッピング　　94
　　　　　　bwa　　94
　　　　　　Bowtie　　95
　　　　　　SAM-BAM 変換　　96
　　　　スプライスマッピング　　97
　　　　　　HISAT　　97
　　　　　　STAR　　98

3.2　配列類似性検索　　102
　　　　BLAST のインストール　　102
　　　　BLAST 用 DB の作成　　103
　　　　コマンドライン BLAST 検索実行　　104
　　　　　　query も DB も塩基配列　　104
　　　　　　query はアミノ酸配列，DB は塩基配列　　107
　　　　　　DB はアミノ酸配列　　108
　　　　DB 中の必要なエントリだけ抜き出す　　109
　　　　　　1 エントリだけ抜き出す　　109
　　　　　　複数エントリを一気に抜き出す　　110
　　　　応用例 1：予測遺伝子セットの機能アノテーション　　114
　　　　応用例 2：メタゲノムデータ解析　　117
　　　　　　SRA からのデータ取得　　118
　　　　　　FASTQ を FASTA に変換　　119
　　　　　　BLAST 検索　　120
　　　　応用例 3：ローカルに BLAST ウェブサーバーを立てる　　120

3.3　系統樹作成　　124
　　　　多重配列アラインメントと分子系統樹　　124
　　　　配列取得　　124
　　　　　　混ぜるな危険　　125
　　　　　　1 エントリごとに，こまめに集めてくる　　125
　　　　　　配列類似性検索で集めてくる　　126

　　　　多重配列アラインメントの実行　　　130
　　　　多重配列アラインメントの可視化　　　137
　　　　　　シークエンスロゴによる可視化　　　137
　　　系統樹作成と可視化　　　138
　　　結果の解釈　　　140
3.4　タンパク質構造解析　　　143
　　　タンパク質ドメインのデータベース　　　143
　　　　　InterPro　　　144
　　　　　Pfam　　　144
　　　タンパク質ドメインの配列解析　　　148
　　　　　インストール　　　149
　　　　　タンパク質配列データベースに対して検索　　　149
　　　　　タンパク質ドメインを検索　　　156
　　　　　検索結果の可視化　　　160
　　　　　タンパク質ドメインから立体構造へ　　　160
3.5　トランスクリプトーム解析　　　163
　　RNA-seq データ解析手法　　　163
　　リファレンス配列情報を利用した RNA-seq データ解析手法　　　163
　　　　発現定量解析の実際　　　165
　　　　query 配列の取得とその処理　　　166
　　　　トランスクリプトーム配列の取得とその index 作成　　　167
　　　　salmon による発現定量　　　169
　　　　Bioconductor のパッケージを使って遺伝子ごとの発現値へ変換　　　170
　　　　発現差解析　　　172
　　　　多数のサンプルを一気に処理する　　　175
　　参照ゲノム配列なしの RNA-seq 解析手法　　　183
　　　　入力配列の品質管理　　　183
　　　　その後の解析　　　185
3.6　データ統合解析　　　186
　　　リファレンスデータセット　　　186
　　　　　遺伝子アノテーションデータ　　　186
　　　　　遺伝子発現のリファレンスデータセット　　　189
　　ID による連結　　　192
　　　　ID の包含関係　　　192
　　　　データ連結の実際　　　193
　　　　連結するための処理　　　197

一対多のデータ処理　　198
　　　ゲノム上の座標による連結　　199

索引　　203

コラム目次

- コアとスレッド　　5
- 絶対パスと相対パス　　20
- USB接続機器にコマンドラインからアクセスするには　　23
- 特別な意味をもつ文字　　30
- htop　　32
- コマンドラインのコピー＆ペースト　　36
- 正常にcondaインストールできなくなったら　　46
- パッケージマネージャーの歴史　　49
- テキストエディタを使いこなそう　　52
- URLのさまざまなスキーム名とHTTPS問題　　73
- DBエントリのバージョン　　78
- MD5とは　　86
- セキュリティ問題を回避する方法　　101
- ドメイン？ モチーフ？　　143
- 並列版圧縮プログラム　　168
- 発現量0とは　　175
- Jupyter notebook　　181

Dr. Bono の
データ解析 8 箇条

1. コマンドラインを恐るるなかれ！

　データ解析には，遅かれ早かれ，いずれはコマンドラインによる操作が必要になる時がくる。食わず嫌いはやめて，まずは本書で試してみよう。慣れれば，便利で再現性があり，人にやさしいものである。

2. エラーメッセージに括目(かつもく)せよ！

　人間は必ず間違う動物である。コマンドを打ち間違うことなんて日常茶飯事だ。エラーメッセージが出たら，読んで何を言っているか，理解するように努めよう。ただの警告で無視していいものも多くあるが，入力ミスに起因するエラーも多々ある。コマンドやオプションが正しく入力されているか，確かめよう。また，本書で紹介しているスクリプトは，自ら打ち込むよりはできる限りコピーして使おう。

3. わからないことがあったらまずググれ！

　あなたがつまずいたところは，先人達も悩んだことかもしれない。まずは，インターネットで検索してみよう。先人の記録が，知恵を授けてくれるかもしれない。エラーメッセージもコピー＆ペーストで検索するだけで，解決策が見つかることもある。悩む前にまずは検索。

4. つぶやけ，されば救われん！

　どうしても自分で解決できないことは X（旧 Twitter）でつぶやいてみよう。

本書のハッシュタグ **#drbonodojo** をつけることを忘れずに。ネット上の達人がヒントをくれるかもしれない。その場合，「ツイートを非公開にする」オプションをオンにした鍵アカウントではだめだ。自分は見られても，あなたのフォロワー以外には見えないからだ。公開アカウントでつぶやくべし。

5. 出力結果は目で見てチェック！

自分で書いたプログラムやスクリプトでデータを処理したら，出力結果をこまめに目で見てチェックする習慣をつけよう。プログラムにちょっとしたミスがあって，まったく意図しない出力結果となっているかもしれない。データ全部に目を通すことは難しくても，一部を見るだけでも意味はある。

6. 書きとどめよ！

教えてもらったことは，ログを残して記録しておこう。人間は忘れる動物である。未来の自分がきっと感謝するに違いない。ガリレオ・ガリレイもこう言っている：「書きとどめよ。議論したことは風の中に吹き飛ばしてはいけない」。そして，その記録はブログとして公開しよう。未来の自分以外に，後人のためにもなる可能性が出てくるからである。

7. 継続は力なり！

しばらくやらないと忘れていくので，コマンドラインでのデータ解析は継続してやっていこう。基本的な部分を忘れると，特に合わせ技が必要な高度な解析をするのに時間がかかったり，最悪の場合できなくなる。空き時間を作って，続けてコツコツと取り組んでいってほしい。

8. データを利用するときは感謝の気持ちを忘れずに！

生命科学分野では公共データベースが充実しており，データ解析には欠かせないものとなっているが，これらはデータを公開してくれる研究者，データベースをメンテナンスしてくれる人たちによって支えられている。利用に際しては，利用条件を守るとともに，感謝の気持ちを忘れないこと。

1 準備編

手もとにコンピュータがないとデータ解析はできない。まずは環境をそろえるところから、生命科学データ解析ははじまる。

1.1 コンピュータを買おう

データ解析環境として一番最初に必要なのは、それを行うコンピュータである。では、どんなコンピュータを使ったらよいのか？

Windows Subsystem for Linux（WSL）が利用可能となり、そのバージョン2であるWSL2の利用が普及してきたことから、Windows環境においてもLinuxのプログラムが実行できるようになりつつある。また、仮想環境技術の発達により、コンピュータの種類を気にしなくてもプログラムを実行することが可能となっており、Windows環境でもデータ解析が可能な状況となってきている。しかしながら、Windowsマシンは買ってすぐにデータ解析ができる状態ではなく、解析可能な環境を構築する必要があるという点で、初心者にとってはハードルが高い*。

そこで、生命科学データ解析に取り組んでいる研究者の多くが使っているコンピュータ環境としてmacOSのコンピュータ、Macをすすめる。大学などの教員や学生であれば学生・教職員割引があり、機種によって差があるものの、割引料金でMacを買うことができるので、是非そちらを利用されるとよかろう（https://www.apple.com/jp/shop/goto/educationrouting）。

 仮想環境でのプログラムの実行については、p.57「再現する計算結果をめざして：Docker」参照。

> ＊ 必ずしもMacでないとデータ解析ができないわけではない。Windows環境にWSL2を導入できさえすれば問題なく利用可能である。本書ではLinux（WSL2）上で実行するやり方も併記していく。

ただ，Macにもいろいろなタイプがある．それを以下で解説しよう．

■ デスクトップ型かノート型か

　一般的には，計算量が多かったり，要求メモリが多い場合にはノート型よりもデスクトップ型のコンピュータのほうが適していると考えられている．スペースに余裕があることから，デスクトップ型のほうがノート型に比べて，Central Processing Unit（CPU；中央処理装置）にあるコア数やメモリを多く搭載することができるからである．コア数が多いほど，同時に実行できるプロセスが多くなるし，メモリが多いほど記憶容量が増えて大規模な計算が可能となる．

　デスクトップ型のMacとしては，Mac Pro，Mac Studio，iMac，Mac miniがある（表1.1）．次世代シークエンサー（NGS）から得られた塩基配列をアッセンブルするなど，コア数やメモリといったコンピュータリソースが大量に必要な計算はデスクトップ型でするのがよいだろう．そのためのMacとしてはMac StudioやMac miniが適している．Mac Studioに比べて，Mac miniはコストパフォーマンスに優れているものの，ディスプレイやキーボード，マウス（もしくはトラックパッド）といった周辺機器が付属してないので，もし全く何も持っていない状態から買うのであればiMacがお勧めである．ただし，現時点では最大搭載メモリが少ないという欠点がある．

表1.1　デスクトップ型Mac（2023年4月現在）

モデル名	最大CPUコア数	CPUの種類	最大搭載メモリ（G byte）	コメント
Mac Pro	28	intel	1,536	ハイエンドでメモリも多く搭載可能
Mac Studio	20	M1	128	Apple siliconのMacのハイエンドモデルであるが，最大搭載メモリが少ないのが欠点
iMac	8	M1	16	画面一体型でスタイリッシュだが，最大搭載メモリが少ない
Mac mini	12	M2	32	CPUが最新のM2であるが，最大搭載メモリが少ない

いずれのモデルもコア数やメモリ，ストレージの容量を選ぶ必要がある．選び方に関しては本文参照．

しかしながら，多くの生命科学データ解析はそのような重い計算をするだけで終わることはまずありえない。そこから得られた結果を生物学的に解釈する必要があるのだ。そういった用途にはいつも手もとにおいて携帯できるノート型が適しているといえよう。また，ノート型であっても最近ではかなりハイスペックなので，デスクトップ型でないと解析できないということはなくなってきている（表1.2）。

表1.2　ノート型Mac（2023年4月現在）

モデル名	最大CPUコア数	CPUの種類	最大搭載メモリ(G byte)	コメント
MacBook Pro 14/16インチ	12	M2	96	ハイエンドでメモリも多く搭載可能
MacBook Pro 13インチ	8	M2	24	ハイエンドモデルではあるが，最大搭載メモリが少ない
MacBook Air (M2)	8	M2	24	軽さが売りだが，最大搭載メモリが少ない
MacBook Air (M1)	8	M1	16	軽さが売りだが，最大搭載メモリが少ない

デスクトップ型と同じく，いずれのモデルもコア数やメモリ，ストレージの容量を選ぶ必要がある。選び方に関しては本文参照。

コラム

コアとスレッド

コア(core)とはCPUの中核であり，実際に計算する部分のことで，表1.1や表1.2をみての通り，近年のMacは複数のコアをもつマルチコアとなっている。また，スレッド(thread)とは，thread of execution（実行の脈絡）を省略したもので，CPU利用の単位である。そして，ハイパースレッディング(hyper threading)とは，米国インテル(Intel)社が自社のマイクロプロセッサ(CPU)製品に搭載している1つのコアを擬似的に2つに見せかける技術である。M1やM2などのApple社が開発したCPUにはこの機能はない。たとえば12コアのMac Proでは，ハイパースレッディングのおかげで実行可能なスレッド数は12×2＝24あるようにみえる。コマンド実行時に最大スレッド数としてハイパースレッディングを考慮した値を指定可能であるが（上記の例だと24），プログラムによってはコア数にとどめておかないと（同じく12）正常に動作しないこともあるので注意が必要である。

本書で扱う多くのデータ解析は対話的に実行し，試行錯誤を繰り返すものがほとんどである。したがって，持ち運び可能なノート型のコンピュータを使うことが理想的である*。

> * MacであればMacBook ProやMacBook Airということになる。

とはいえ，ライフスタイルはさまざまであり，決まった場所でしかそういった解析をしないという人もいるだろう。そうした場合は，あり合わせのキーボードやマウス，ディスプレイはテレビと共用，といったことが可能なMacMiniが初期投資が少なくて良い。あるいは，ハイスペックのMac StudioでNGSデータ解析も含めてやれるように，ということもよいだろう。

基本満タン

ストレージにしてもメモリにしても，その時点で積めるだけ最大の容量を選ぶのが定石である。それは，時間とともに手持ちのデータが蓄積し，さらに巨大化していくからである。また，新しい機種が出てきた際に，それらの容量はどんどん増えていくものなので，現時点で積める容量maxにするようにする。

ただ，それは**予算に合わせて**の話である。データ容量に比例して価格が高くなるのは当然であるが，それを超えて高くなる場合に，その性能を求める必要があるかどうか。かつてはメモリの値段が高く，そのような議論をすることが多かったが，最近では内蔵のストレージであるSolid State Drive（SSD）に関してどれぐらいの容量を買うべきか，で頭を悩ますようになってきている。それに関しては以下で議論する。

優先順位はCPUよりもメモリの方が高い

CPUの進化は頭打ちになっており，年々CPUのクロック数が高くなるということはなくなってきている。そこで，CPUのコア数を増やすことによる並列計算によって計算時間の短縮が図られているのが現状である。生命科学分野においては待てばできる計算というのが多いということもあって，CPUのクロック数はそれほど問題にならない。計算時間は長くても待てば終わるものの，**ストレージやメモリはそれがなければ計算が実行できない**からである。言い換えると，問題になるのは，以下に述べるストレージの容量やメモリの大きさである。

ストレージがないとそもそもデータを保存しておくこともできない。他の分野に比べて，生命科学系では多くのストレージが必要になることが多い。それは，自ら産生するデータ量が大きいことに加えて，利用可能な公共データも多く，それらを取得してきて再利用しようとするとさらに大容量のストレージが必要になるからだ。内部ストレージとして最近採用されているSSDにすべてのデータがおさまりきらないことがNGSデータ解析をすると簡単に起こる。だが，ストレージは外付けディスクで継ぎ足すことが可能である。もちろん，内部ストレージのSSDに比べればディスクアクセスは決して速くはないが，USB3対応の外付けディスクはそれほど遅いというわけではない。

しかしながら，メモリは後から足すことは困難なことが多い。また，メモリを足す場合は元からあったものを取り去って，より容量の大きいものにつけ替えることが多く，ストレージの場合と異なりつけ足すということはほとんどできない。

それゆえ，**メモリはできる限り購入時に満タン，それが予算的に無理であれば予算の許す限り積む**ことを推奨する。

1.2　コンピュータをセットアップしよう

最新のコンピュータは買った時点から設定が行き届いていて，改めて自分で設定すべき事項がほとんどない。その中でもセットアップしたほうがよいポイントについて本節で紹介する。

■ ネットワーク設定を確認せよ

2023年現在，コンピュータにネットワーク設定情報を伝達する仕組み（Dynamic Host Configuration Protocol：DHCP）のおかげで，ユーザはネットワークの設定をほとんど意識しなくてもインターネットにつながるようになっている。各コンピュータにはIPアドレス（Internet Protocol address）が割り振られ，その番号は接続しているネットワーク（Local Area Network：LAN）の中では他の機器と同じものはなく，ユニークになっているはずである。外部に接続するためには，自分のコンピュータから「ルーター」と呼ばれる外部とつながっているネットワーク装置のIPアドレスを知らなけ

> **？ 何て呼んだらいいの**
> DHCP
> 「ディーエイチシーピー」

> **？ 何て呼んだらいいの**
> LAN
> 「ラン」

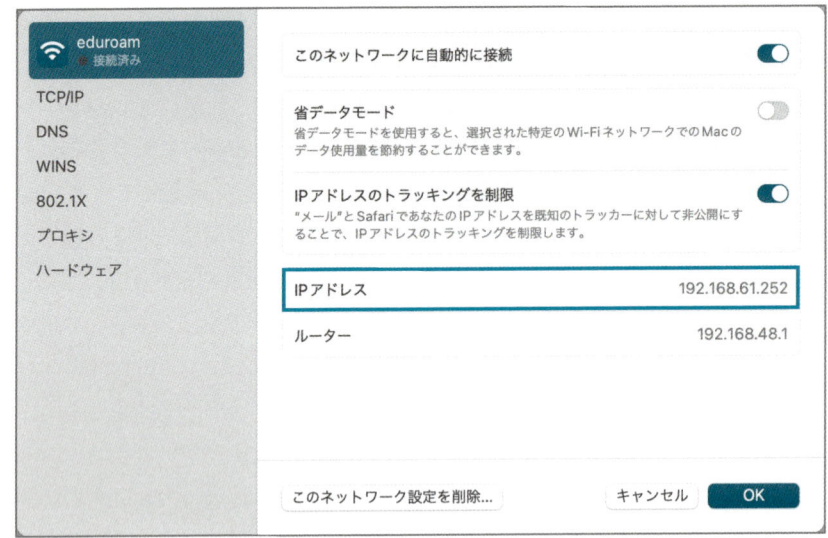

図1.1 ネットワークの設定
macOS Ventura 13.2.1で「システム設定」から「Wi-Fi」を選択し，接続するアクセスポイントに接続すると出てくる「詳細」をクリックしたときの画面。この例の場合，IPアドレスは，**192.168.61.252**となっている。

ればならないが，それもDHCPによって自動的に設定される。

また，インターネット上のアドレス（Uniform Resource Locator（URL）やUniform Resource Identifier（URI）と呼ばれる）は，そのままではIPアドレスがわからないので，それをDomain Name System（DNS）を使ってIPアドレスに変換する（「解決する」ともいう）。それをやってくれるDNSサーバーのIPアドレスを設定する必要があるが，それもDHCPによって自動的に設定される。

全て自動になっているものの，ネットワークトラブルの際に何が原因かを突き止めるためにこの最低限の知識を身につけておくと役に立つであろう（図1.1）＊。

■ 自動的にスリープさせない設定にすべし

省エネルギーのため，デフォルトではしばらくキーボードやマウスを使ってないとスリープする設定になっている。長く時間のかかる計算を仕込んだ場合，キーボードやマウスを使っていなくてもコンピュータは動き続けていることがままある。そのため，自動的にはスリープにならない設定をしておく必要がある。

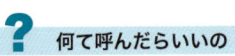

何て呼んだらいいの
URL「ユーアールエル」
URI「ユーアールアイ」
DNS「ディーエヌエス」

Windows 10では，バージョンによって少々異なるが，スタートメニューの「設定」→「ネットワークとインターネット」の「状態」で「プロパティ」をクリックするとIPv4アドレスが確認できる。

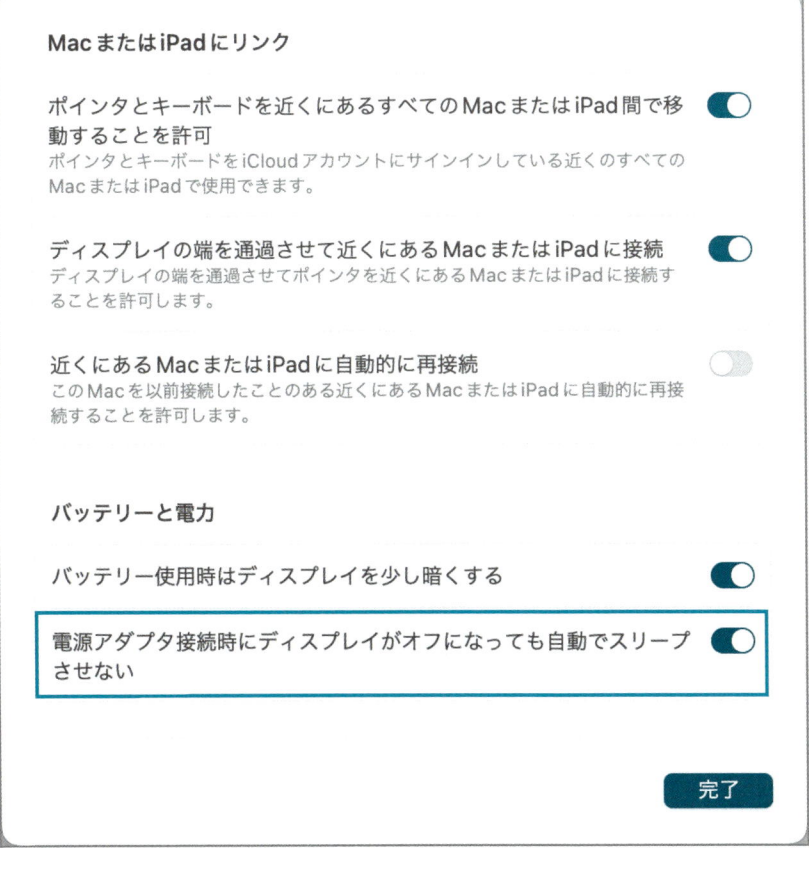

図1.2 **自動的にスリープさせない設定** macOS Venture 13.2.1で「システム設定」から「ディスプレイ」を選択したときの画面。

　具体的には，macOS Ventura 13.2.1 の場合，「システム設定」から「ディスプレイ」を選択し，「詳細設定」を選択した時に出てくる小ウインドウで，「電源アダプタ接続時にディスプレイがオフになっても自動でスリープさせない」にチェックを入れる（図 1.2）*。

Windows 10では，バージョンによって少々異なるが，スタートメニューの「設定」→「システム」→「電源とスリープ」で「次の時間が経過後, PCをスリープ状態にする（電源に接続時）」を「なし」に設定することで同等の状態にできる。

■ 有用ユーティリティを常駐させるべし

　最初からインストールされているにもかかわらず，「アプリケーション」フォルダ内にはないのだが，生命科学データ解析ではよく使うアプリケーションがある。それが，**ターミナルとアクティビティモニタ**である*。これらは「アプリケーション」フォルダの中にある「ユーティリティ」というフォルダの中にある（図 1.3）。

　ターミナルは，次章から基本これを中心に使うというぐらい，コマンドラ

Windows 10では，それぞれ「Ubuntu」と「タスクマネージャー」が同等の機能を果たす。なお「Ubuntu」はWSL2をインストールするとスタートメニューに追加され，「タスクマネージャー」はスタートメニューの「Windowsシステムツール」フォルダの中に入っている。

図1.3　有用ユーティリティ
「アプリケーション」の「ユーティリティ」にある「ターミナル」と「アクティビティモニタ」。

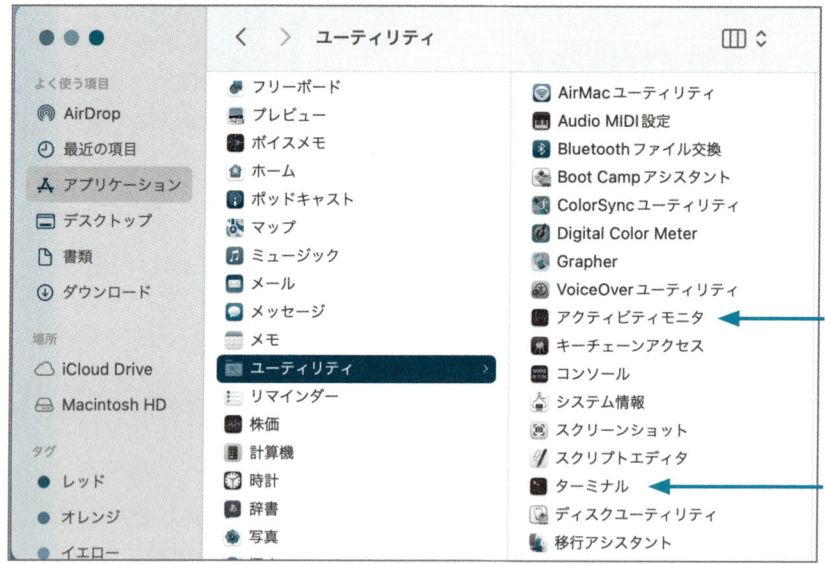

イン操作に必要不可欠なアプリケーションである。また，アクティビティモニタは現在のコンピュータの状態がどうなっているかを知るためによく使うアプリケーションである。コンピュータの状態とは，CPUを占有しているプログラムが何か，メモリを激しく使用しているプログラムは何か，ネットワーク通信が現在どれぐらい行われているかなどで，データ解析する際には常に把握しておかないといけない情報である。これらに関しては著者Dr. Bonoは常駐（常に起動するように）している。

　「システム設定」から「一般」を選択したときに出てくる「ログイン項目」タブでアプリケーションを選択しておくと，コンピュータを起動したときに同時にアプリケーションが起動してくれるようになるので，設定しておくとよい（図1.4）＊。

Windows 10でも，アプリケーションを自動起動することは可能である。

図1.4　自動起動設定「システム環境設定」から「ユーザとグループ」で「ターミナル」や「アクティビティモニタ」をログイン時に自動的に起動するようにする。

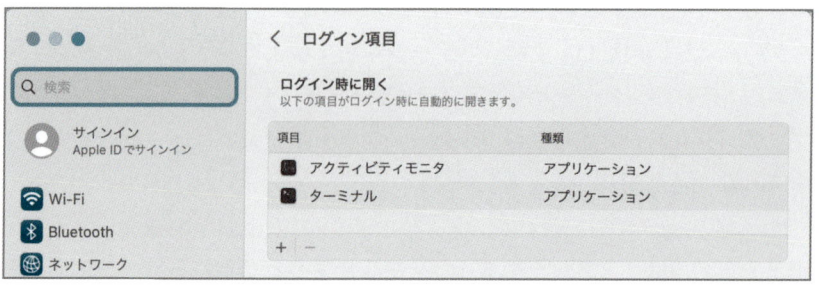

その他，Dr. Bono も自動起動設定しているアプリとして，デスクトップに付箋のようにメモを張りつけておくことができるスティッキーズがある。これはふと浮かんだアイデアや，今後も使いたいコマンドとそのオプションなどをその場で忘れないうちに保存しておくのに最適である。

1.3 周辺機器の設定

■ 外付けドライブは買ったらすぐフォーマットすべし

最近では，コンピュータ本体のシステム起動ディスクはハードディスクではなく，Solid State Drive（SSD）が普通となっている。SSD はハードディスクのようにディスクを回転させるものではなく，データアクセスが速い。しかしながら，同じ容量のハードディスクに比べて高く，容量が大きいものは非常に高価である。

そのため記憶装置として追加で外付けドライブ，特に外付けハードディスク（HD）を使うことになる。USB3 の登場によって外付け HD のデータへの読み書き速度が著しく向上しており，データ解析でも十分に利用可能だ。また，外付けドライブとして，高価ではあるが SSD ももちろん利用可能であるほか，容量が小さいものが多いものの USB メモリも利用可能だ。

これらのストレージは，使う前にフォーマットする必要がある。購入時にすでにフォーマットされているのだが，おそらくは FAT32 や NTFS という Windows での使用に最適化されたフォーマットとなっている。それを変更しないと macOS では使えない。特に NTFS の場合，macOS からは読み込みしかできず，書き込むことができない。そこで，それを変更する必要がある。

> **？ 何て呼んだらいいの**
> FAT
> 「ファット」

それには，「アプリケーション」の「ユーティリティ」にある「ディスクユーティリティ」でディスクをフォーマットできる（図 1.5）。

ディスクのフォーマットは，

1. macOS でしかそのドライブを使わないのであれば，APFS（Apple File System）

> **＊**
> Windows 10では，スタートボタンを右クリックして「ディスクの管理」を選択することでツールが起動し，ディスクのフォーマットができる。

図1.5　ディスクユーティリティ　対象とするディスクを選んで，上の「消去」ボタンをクリックすると内容が消去され，フォーマットが選択できる。

2. macOS 以外でも読み込む可能性があるのなら，exFAT

にするのがよい。かつて macOS では「Mac OS 拡張」が広く使われてきたが，最近では APFS というフラッシュメモリ（USB メモリ）や SSD に最適化されたフォーマットが広く使われている。

　未使用のディスクの場合は問題ないが，すでにデータが入ったディスクをフォーマットする際には貴重なデータをうっかり消去してしまわないよう，十分注意が必要である。

■ バックアップをとるべし

　macOS にはバックアップをとる仕組みがデフォルトで用意されている。それが Time Machine である。「システム設定」から「Time Machine」を選んで設定すると利用開始できる（図 1.6）＊。

Windows 10では，システム内蔵のファイルのバックアップ機能として，「ファイル履歴」が用意されている。なお，Windowsでは起動しなくなった時に備えてシステムの復元が可能となるように「復元ポイント」の作成を事前に行なっておくことをおすすめする。

　データ量の多さにもよるが，初回のバックアップはとても時間がかかることもある。2 回目以降は差分更新となるため，前回から変更があったファイルのみが対象となるので，それほど時間はかからない。ディスクがいっぱいになったら古いバックアップを自動的に消していってくれる優れたバックアップの仕組みとなっている。

　うっかりファイルを消してしまったときには復元したい項目のウインドウを開いてから，「アプリケーション」フォルダ内の「Time Machine」を起動し，

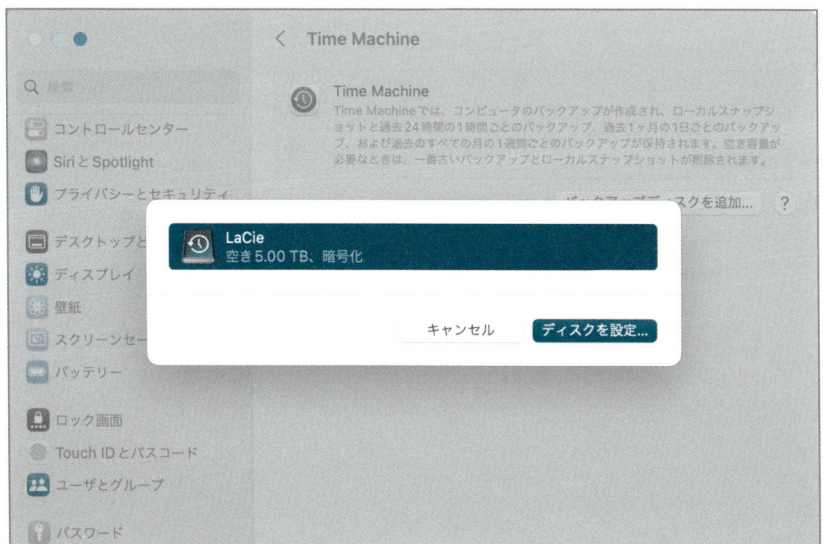

図1.6 **Time Machine** 対象とするディスクを選んで，Time Machine用のハードディスクに設定する。

失われたファイルを探して復元する。

2 基礎編

　本章では，配列データをはじめとした生命科学データを取り扱うための道具として必要不可欠な UNIX コマンドラインに関して詳細に解説する。使いこなすために必要な知識も併せて説明していく。十分な説明を加えてあるが，書面ではどうしても基本的なことしか書けない。いちいち「インターネット検索するように」とは書いてないが，適宜検索して知識を補ってほしい。

　一通りざっと読み，第3章に進んだのちにわからなくなったら適宜戻って詳細な使い方を知るといった読み方をするとよいだろう。

2.1　UNIX コマンドラインを使ってみよう

　UNIX コマンドラインは，文字ベースのユーザインターフェース（command line interface：**CLI**）である。普段よく使われている macOS の Finder や Safari などのマウスで操作が可能なグラフィカルユーザインタフェース（graphical user interface：**GUI**）と比較して，とっつきにくそうなイメージをもたれる傾向がある。しかしながら，実は，UNIX コマンドラインは生命科学データ解析をする上ではとても便利なのだ。その便利な点を以下で披露しよう。

> **? 何て呼んだらいいの**
> **CLI**
> 「シーエルアイ」
> **GUI**
> 「グイ」

■ ビッグデータ対応

　端的にいえば，CLI を勧める理由は，巨大なデータ（ビッグデータ）が素早く扱えるようになるからである。生命科学データ解析で扱うビッグデータ

> ⇒ 巨大なデータの解析については，p.163「3.5 トランスクリプトーム解析」の「query配列の取得とその処理」を参照。

何て呼んだらいいの
NGS
「エヌジーエス」

とは，例えば次世代シークエンサー（next generation sequencer：**NGS**）から得られる塩基配列データなどがそうだ。1 つのファイル当たり数 G byte もあってファイルサイズが巨大で，データファイルのアイコンをダブルクリックして起動するテキストエディットなどの簡易なテキストビューワーで開くことは不可能である。それは，開くファイルの中身をいったんすべてメモリに入れて編集する仕様になっているからである。ビッグデータを扱う場合には，扱うファイルサイズがコンピュータのメモリ容量をはるかに超えてしまうこともあるのだ。

そのような**ビッグ**データであっても，コマンドラインだと容易にデータ処理することが可能である。扱う 1 つのファイルのデータサイズが数 G byte から数十 G byte となる NGS データ解析において，このような特徴が活用されている。

▍時間節約

生命科学データ解析では 1 つの解析に長い時間がかかることが多い。GUI によるデータ処理であっても計算量が多いと時間がかかり，次の処理まで待たないといけないことが多い。つまり，その処理が 1 つ終わるのを待って，それから次の新たなジョブを投入しなければならない。例えば，100 個ぐらいの塩基配列に対して BLAST 検索を 1 回ずつ実行する操作などがそれである。

⇐ BLAST 検索については，p.102「3.2 配列類似性検索」を参照。

⇐ バッチスクリプトについては，p.51「バッチスクリプト」を参照。

それが CLI だと，連続処理するようにバッチスクリプトを組めば，その都度ジョブを投入する必要はない。つまり，1 度データを投入したらあとはほったらかしでよく，コンピュータの前につきっきりになる必要はない。結果として，人の手は空く。別の仕事に取り組んだり，休憩時間にしたり，並列にこなすことができる。

このように，CLI を使いこなせるようになると時間を上手に使えるようになるわけだ。

▍繰り返し処理

時間節約と似たメリットだが，CLI は繰り返しに強い。それによって劇的に省力化される。例えば，塩基配列データベースから指定した配列を繰り返し，

通し番号で取得する場合がそれである。その間に人間が介在することなくデータ処理をすることが，CLIなら簡単にできる。

> 繰り返し処理によるデータ取得については，p.75「2.5 公共データベースからのデータ取得」の「繰り返し処理によるデータ取得（通し番号編）」を参照。

■ 必要性

最後に，CLIでないと実行できない，CLIが必要不可欠な状況も存在する。さまざまなアプリケーションがGUIで使える工夫がなされているとはいえ，多くの生命科学データ解析のためのソフトウェアはCLIでないと使えない。特に，NGSデータを扱うソフトウェアはCLIでしか処理ができないことがほとんどである。

例えば，NGSのデータベースのSequence Read Archive（**SRA**）から指定した配列を取得して，データを展開（p.●，「2.5 公共データベースからのデータ取得」参照），RNA-seqデータ解析プログラムにかけるなどの処理がまさにそれである。

? 何て呼んだらいいの
SRA
「エスアールエー」

> RNA-seqデータ解析については，p.163「3.5 トランスクリプトーム解析」の「リファレンス配列情報を利用したRNA-seqデータ解析手法」を参照。

■ 再現性

同じ処理を別のデータで実行する状況は多い。その際に，前に実行した手順をコマンドラインスクリプトという形で保存しておくと，すぐに同じ処理を行うことができる。これは大きな利点で，GUIだと手順を思い出して1つずつマウスによる手作業が必要となるのが，CLIだとスクリプトの引数を替えて実行するだけで同じ処理を瞬時に実行することができる。

そのため，**CLIが使えないと生命科学データ解析はできない**のである。

Dr. Bono から
ラボノートをとるかのように，実行したコマンドを記録する癖をつけておくと良い。

2.2　コマンドラインの基本操作

第1章でも紹介したとおり，「アプリケーション」フォルダの中に「ユーティリティ」というフォルダがあり，その中に「ターミナル」というアプリケーションがある。それをダブルクリックすると，UNIXコマンドラインを使うための「ターミナル」が起動する。コマンドライン操作はすべて，この「ターミナル」アプリケーションから操るものであり，これ以外に追加のアプリケーションは必要ない。このターミナル（terminal）とは，通信回線などを通じ

* WSL2をインストールしたWindows10の場合，「Ubuntu」という名前のアプリケーションがこれに該当する。第1章のp.9参照のこと。

て他のコンピュータなどに接続し，もっぱら情報の入力や表示などをする機器の意味で，日本語では「端末」と呼ばれる。起動した「ターミナル」はプロンプトが表示されて，あなたの入力を待っている。

ディレクトリとは

　初期状態ではホームディレクトリ（home directory）と呼ばれるディレクトリにいる。ディレクトリとは，macOSのFinderでいうところのフォルダのことである。**bono**というユーザーの場合（私だ！），ホームディレクトリは **/Users/bono**，Linux（WSL2）の場合は **/home/bono** となる（このディレクトリの名前はそれぞれの環境で異なる）。ホームディレクトリは~（ティルダ）という記号で表すこともできる*。

　ディレクトリは入れ子構造をとることができ，ファイルツリーと呼ばれる樹状の構造となっている。その一番根っこはルートディレクトリ（root directory）と呼ばれ，**/**（スラッシュ）として表現される。根っこという表現をしているが，UNIXの世界ではこれが植物とは真逆で，一番上の階層という考え方をしている。そのルートディレクトリの下にあるディレクトリに，**Applications** や **Users** がある*。さらに **Applications** ディレクトリの配下には **Utilities** ディレクトリなどがある（図2.1）。

Windows 10の「マイドキュメント」は，Linux（WSL2）の場合は **/mnt/c/Documents\ and\ Settings/Hidemasa\ Bono/My\ Documents** にある（ユーザー名が'Hidemasa Bono'の場合）。
また，Windows 10からWSL側のディレクトリを参照したい場合には，エクスプローラのアドレスバーに「**\\wsl$**」と入力する。

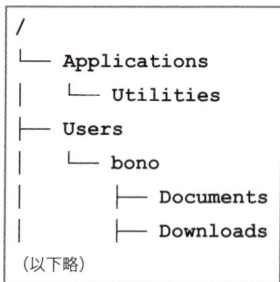

図2.1　ディレクトリの入れ子構造

```
/Applications
/Applications/Utilities
/Users
/Users/bono
（以下略）
```

　ユーザーbonoのホームディレクトリ（**/Users/bono**）の下には **Documents** というFinderでは「書類」という名前のフォルダ，同じく **Downloads** というFinderでは「ダウンロード」という名前のフォルダがあり，Finder上でのファイル置き場と完全に同じものである*。すなわち，「ダウンロード」はウェブブラウザでダウンロードしてきたファイルが置かれているフォルダであるが，そのフォルダが **/Users/bono/Downloads** としてコマンドライン（UNIX）の世界からはアクセスできる，ということだ。この **/**（スラッシュ）で区切られたフォルダの階層のことをパス（PATH）と呼ぶ。

macOSの場合。Linux（WSL2）の場合，ディレクトリの名前は異なるものの，ディレクトリの入れ子構造は同様である。

インストールしたばかりのWSL2の場合，ホームディレクトリ以下にはファイルやディレクトリはない。

その相互運用性を実例で披露しよう*。

```
# /Users/bono/DownloadsをFinderで開く
% open /Users/bono/Downloads
```

ここで#からはじまる行は以下のコマンドに対するコメントで，この行を入力する必要はない。また，その次の行頭にある%記号は，この行がコマンドプロンプト行であるという意味であり，実際にはこの%記号を入力するのではなく，その後のコマンドから入力する。

無事コマンドが解釈されると，Downloadsフォルダが開いて，中にあるファイルがFinderのウィンドウで確認できる。また逆に，ターミナルアプリケーションのウィンドウにそのDownloadsフォルダをドロップすると **/Users/bono/Downloads** というパスがコマンドライン上に表示される。このように，Finderの世界とUNIXコマンドラインの世界が同居していることがmacOSの便利な特徴である*。

ディレクトリ操作のコマンド

コマンドラインによる操作では，その名の通り，コマンドによって行いたい処理をコンピュータに伝えるため，コマンドを知らないと何もできない。そこで，生命科学データ解析に必要な基本的なコマンドを解説していく。まずはディレクトリ操作のコマンドから紹介しよう。

cd（change directoryの意味）コマンドを何も引数を与えないで実行したとき，今いるディレクトリ（カレントディレクトリ（current directory）やワーキングディレクトリ（working directory）と呼ぶ）がホームディレクトリに移動する。

```
# ホームディレクトリに移動
% cd
# 現在いるディレクトリを表示
% pwd
/Users/bono
```

pwd（print working directoryの意味）は現在いるディレクトリを表示す

Linux（WSL2）ではこのopenコマンドはなく，代わりに以下のようにすることでWSL2のホームディレクトリを開くことができる。
```
% explorer.exe /home/bono
```

Dr. Bonoから

コマンドライン先頭の%記号は，その行がコマンドラインであることを示す記号なので，実際にコマンドを試すときには入力しない。■は1 byteのスペース（半角スペース）を意味する。

WSL2を使うことで，Windows 10でも同様の環境を実現することができる。

 **何て呼んだらいいの**

cd
「シーディー」

 **それって何だっけ**

コマンド引数

コマンドを実行する際に，コマンド名の後に続けて入力した文字列はパラメータとしてプログラムに渡される。このようなプログラム起動時に渡されるパラメータのことをコマンド引数，あるいは，単に引数と呼ぶ。

 **何て呼んだらいいの**

pwd
「ピーダブリューディー」

るコマンドで，この例の場合，ホームディレクトリにいるので，**/Users/bono** と表示される。

新たにディレクトリを作成するには **mkdir**（make directory の意味）コマンドを使う。また逆に **rmdir**（remove directory の意味）コマンドで消去することができる。その場合，消したいディレクトリの中身が空っぽになっていないとエラーとなり，ディレクトリを消し去ることはできない。

> **？ 何て呼んだらいいの**
> mkdir
> 「エムケー ディア」
> rmdir
> 「アールエム ディア」または
> 「リムーブ ディア」

```
# hogedという名前のディレクトリを作成
% mkdir hoged
# hogedという名前のディレクトリを消去
% rmdir hoged
```

コマンドライン操作においては，**現在どのディレクトリにいるのかを常に意識してファイル操作をする必要がある。**

ディレクトリは一見するとファイルと区別がつかなくなるため，ディレクトリであることを明示するために最後に **/** をつけることがある。これの有無は基本的な操作では特に違いが生じないが，これによって動作が変わるコマンドもあるので要注意（例えば **rsync**）。

> ⇐ **rsync** については，p.61
> 「rsync」を参照。

ファイルとディレクトリの違いがわかるように，以下で説明する **ls** は **-F** オプションをつけて使うことが非常に多い。このオプションをつけると，ディレクトリは最後に **/** がついて区別される。

> **？ それって何だっけ**
> **コマンドオプション**
> コマンド名の後ろに付加する文字列。そのコマンドの実行内容を選択したり調節したりできる。
> コマンドオプションは，たいてい-（ハイフン）記号をつけて指定する。

```
# ファイルとディレクトリを区別してリスト表示
% ls -F
```

> **コラム**
> ### 絶対パスと相対パス
>
> パスには2種類あり，**/** ではじまるパスのことを「絶対パス」と呼ぶ（例：**/Users/bono/Documents/**）。また，以下で多用する **/** でははじまらない，カレントディレクトリから相対的な位置で指定するやり方を「相対パス」と呼ぶ。上の例を相対パスで表すと，カレントディレクトリがホームディレクトリ（**/Users/bono**）の場合，**Documents/** となる。

ファイル操作

　ディレクトリの中には通常，複数のファイルが存在する。それらのファイルを操作するのはコマンドラインの基本中の基本なので，つぎはそれらのコマンドを紹介する。

基本コマンド

　もっともよく使うコマンドは `ls`（list の意味）で，カレントディレクトリにあるファイルやディレクトリを表示するコマンドである。いちいちファイルツリー上のファイルについて常に把握しているわけではないので，しばしば実行する。

ls
「エルエス」

```
# カレントディレクトリのファイルやディレクトリを表示
% ls -F
Desktop/     Downloads/   Movies/     Pictures/
Documents/   Library/     Music/      Public/
```

　ファイルを移動するコマンドは `mv`（move の意味）で，ファイルをコピーするのは `cp`（copy の意味）である。これらの違いは `mv` するともとのファイルは消えてなくなるのに対し，`cp` ではコピーが作られるだけでもとのファイルに変化はない。

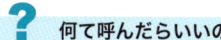

mv
「エムブイ」よりも「ムーブ」と呼ぶことが多い
cp
これも「シーピー」よりは「コピー」と呼ぶ

```
# この本用のディレクトリdatadojoを作成
% mkdir datadojo
# datadojoディレクトリに移動する
% cd datadojo
# 空っぽのファイルhoge.txtを作成
% touch hoge.txt
# hoge.txtをhoge2.txtに移動（ファイル名変更）
% mv hoge.txt hoge2.txt
# 確認（元のファイルは消えている）
% ls
hoge2.txt
# hoge2.txtを消去，空っぽのhoge.txtを作成
% rm hoge2.txt
% touch hoge.txt
```

```
# hoge.txtをhoge2.txtにコピー
% cp hoge.txt hoge2.txt
# 確認（元のファイルは残っている）
% ls
hoge.txt    hoge2.txt
```

　移動先がディレクトリの場合は，そのディレクトリの中にファイルが移動することになる。

```
# カレントディレクトリにこんなファイルがある場合
% ls
hoge.txt
hoge.md
readme.txt
# hoged/ディレクトリを作成
% mkdir hoged/
# ワイルドカードを使って，マッチするファイルだけ，hoged/に移動
% mv *.txt hoged/
# hoged/の中身を確認
% ls hoged/
hoge.txt
readme.txt
```

　移動するファイルに `*.txt` と指定してあるのは複数のファイルを同時に移動することを意図しているからである。`*` はワイルドカードと呼ばれ，すべてのファイルにマッチする特別な記号で，この場合，このディレクトリにある `.txt` で終わる名前をしたすべてのファイルが該当する。

　ファイルを消去するコマンドは `rm`（remove の意味）で，コマンドライン上のこのコマンドは Finder でよく使うゴミ箱と違って，消去してもいいファイルとして「目印」がつけられるのではなく，即座にファイルが失われるので要注意である。

> **？ 何て呼んだらいいの**
> **rm**
> 「アールエム」あるいは「リムーブ」

> ）は，紙面の都合で折り返されているが，コマンド入力ではその行が続くという意味

```
# hoge.txtファイルを消去
% rm hoge.txt
# カレントディレクトリにあるファイルすべてを再帰的に消去（実行する場合には注意が必要な操作）
% rm -r *
```

コラム USB接続機器にコマンドラインからアクセスするには

　USB接続でハードディスクをつなぐと，Finder上ではそのハードディスクがデスクトップ上に現れる。では，コマンドラインの世界ではどこにあるのだろうか。そのハードディスク（ボリュームといういい方もする）の名前がUSBHDD1だったとすると，それは**/Volumes/USBHDD1**にある。

　実は**/Volumes**というディレクトリの下にこういった外付けドライブは現れる。したがって，ものすごく簡単な例として，ホームディレクトリ上にある大きなファイル**largefile.txt**をこのボリュームのUSBHDD1というハードディスクにコピーする場合は，以下のようなコマンドを実行する。

```
# /Users/bono/largefile.txtを/Volumes/USBHDD1にコピー
% cp /Users/bono/largefile.txt /Volumes/USBHDD1
```

　こうすることで，このファイルのバックアップが外付けハードディスクに作成できる。単純だがとても大事な操作で，バックアップは必ず複数取るようにすることが鉄則である。

＊Windows 10上のLinux（WSL2）においては，デフォルトではUSB接続機器のファイルにアクセスできない。**usbipd-win**プロジェクトによるプログラム群をインストールしてセットアップすることで利用可能となる。

＊UNIXの世界ではマウントされる，という。

▷▷　バックアップについては，『Dr. Bonoの生命科学データ解析 第2版』のp.85「rsyncで大量のファイルやディレクトリをコピーする」も参照。

　* を単独で指定した場合には，そのすべてのファイルが該当することになる。また **-r** オプションは，再帰的に実行するというもので，この指定だとディレクトリ以下のすべてのファイルが該当することになる。それゆえに，このコマンドは今いるディレクトリ以下のすべてのファイルを消去することになる。実行する際のディレクトリによっては非常に危険なコマンドとなるので，その前に今いるディレクトリを **pwd** コマンドで確認するなど，慎重に行うべきである。

ファイルの中身をみる，探す

　ファイルの中身をみるためのコマンドは **less** で，**ls** についでよく使われるコマンドである。単純に中身を出力するだけであれば **cat**（concatenateの意味）コマンドもよく用いられる（が，**less** のように1ページごとの表示などはしてくれない）。

　ファイルの中身すべてを人の目でみることは不可能なことが多いので，検索して探すことになる。その際によく使われるコマンドが **grep** である。grepは，引数で示した文字列が含まれる行を出力する。

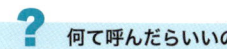

何て呼んだらいいの
less
「レス」
cat
「キャット」

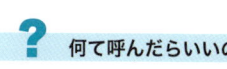

何て呼んだらいいの
grep
「グレップ」

```
# hogeという文字列をfuga.txt中にあるか探す
% grep hoge fuga.txt
```

また，よく使われるのがファイルのbyte数や文字数，行数を数える**wc**（word count の意味）コマンド。

> **？ 何て呼んだらいいの**
> wc
> 「ダブリューシー」

```
# 行数，単語数，byte数を数える
% wc fuga.txt
45   36 4611 fuga.txt
# 行数だけ数える
% wc -l fuga.txt
45 fuga.txt
```

何もオプションをつけないと行数，単語数，byte数の3つをセットで計算するが，巨大なファイルの場合，時間がかかる。生命科学データ解析の場合，知りたいのは行数だけであることが多い。そこで，**-l**オプションを指定すると，行数だけがカウントされ，比較的早く結果が返ってくるのでおすすめである。

ファイルの権限を変更する

UNIXのファイルは，user（owner），group，all userという3段階で権限を設定することができる。ファイルの権限とは，読み込み，書き込み，実行の3つである。

```
# リストを長い形式で表示するとファイルの権限も表示される
% ls -l
-rw-r--r-- 1 bono staff  4611  1 19 18:22  hoge.sh
-r-xr-xr-x 2 bono admin 97772 12 27  2017  pigz
```

rwxで書かれているのが，それぞれ読み込み権（r：read），書き込み権（w：write），実行権（x：execute）で，上記の3つの対象（user, group, all）に対してその有無が設定されて，左から順に表示されている（**図2.2**）。上の例では，**hoge.sh**はuserに読み込み権と書き込み権が，groupとallには読み込み権のみが設定されていることがわかる。

> **？ 何て呼んだらいいの**
> chmod
> 「シーエイチ モッド」または
> 「チェンジ モード」

このファイルの権限を変更するコマンドが**chmod**（change mode の意味）

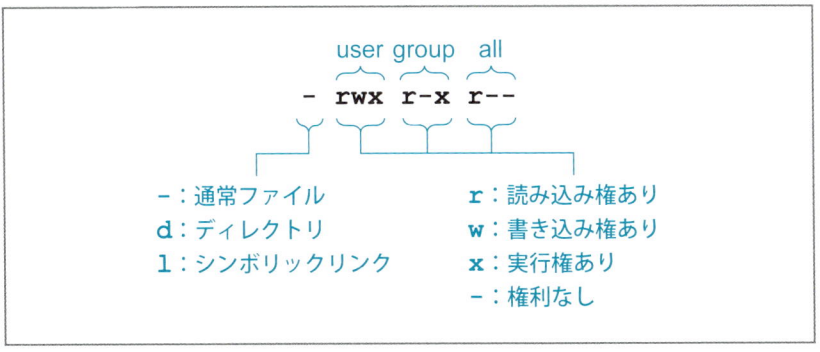

図2.2 ファイルの権限 `rwx`の文字でuser（ファイルの所有者）、group（所有グループ）、all（その他のユーザー）がもつ権限を示す。この例の場合、userは読み込み権、書き込み権、実行権をすべてもつが、allは読み込み権しかもたない。

である。例えば、よくやるのは

```
# hoge.shの権限を確認
% ls -l hoge.sh
-rw-r--r-- 1 bono staff 4611  1 19 18:22  hoge.sh
# 権限変更（実行権付与）
% chmod +x hoge.sh
# hoge.shの権限を確認
% ls -l hoge.sh
-rwxr-xr-x 1 bono staff 4611  1 19 18:22  hoge.sh
```

これで`hoge.sh`に実行権がつく。以下で説明するコマンドサーチパスにあっても、この実行権をつけておかないとそのコマンドは実行できないので要注意である。

また、ファイルの所有者を変更するコマンドが`chown`（change ownerの意味）である。

```
# スーパーユーザー権限でchownを実行し、hoge.shをbonoユーザーのファイルとする
% sudo chown bono hoge.sh
```

`chown`を実行する前には`sudo`というコマンドをつける。これは、スーパーユーザー（super user：su）権限で実行するという意味で、管理者権限でないと実行できないコマンドを実行する際に使うコマンドである。実行する際には自分のパスワードを再度入力する必要がある。

> **? 何て呼んだらいいの**
> **chown**
> 「シーエイチ オウン」または「チェンジ オウナー」

> **? 何て呼んだらいいの**
> **sudo**
> suがする（do）ということで、「スードゥ」と呼ぶ

ファイルやディレクトリの測定

ファイルサイズの大きなデータを扱う際にはディスクの空き容量を気にする必要がある。もちろん，macOSの「このMacについて」の「ストレージ」タブを参照するやり方もあるが，CLIでは **df**（disk file system の意味）コマンドが多用される。このコマンドには色々なオプションがあるが，把握しやすさを考えると以下の **-H** オプションを使うことをがおすすめである。

何て呼んだらいいの
df
「ディーエフ」

```
# ディスクの空き容量チェック
% df -H
Filesystem    Size   Used  Avail Capacity iused               ifree %iused  Mounted on
/dev/disk1s1  1.0T   567G   427G    58%  1906104 9223372036852869703    0%  /
devfs         208k   208k    0B   100%      704                   0  100%  /dev
/dev/disk1s4  1.0T   5.4G   427G     2%        5 9223372036854775802    0%  /private/var/vm
# どこにあるdfコマンドを使ったかを表示
% which df
/bin/df
```

最新のmacOSでは正しく表示されないこともある。

この出力は，このファイルシステム（**/dev/disk1s1**）はサイズが 1.1 T byte で，現在 567 G byte が使用中で，427 G byte まだ利用可能，58%の埋まり具合であるということを意味している*。

また，特定のディレクトリ以下のファイル容量が知りたいというときには **du**（disk usage の意味）コマンドが便利である。このコマンドはどのディレクトリにいるときでも利用可能である。

何て呼んだらいいの
du
「ディーユー」

これも総計のオプション **-s** と，人にとってみやすくするオプション **-h** を足し合わせた **-sh** オプションを使うとよい。

```
# ホームディレクトリに移動
% cd
# Documentsディレクトリ以下のファイル容量を計算
% du -sh Documents
261G            Documents
```

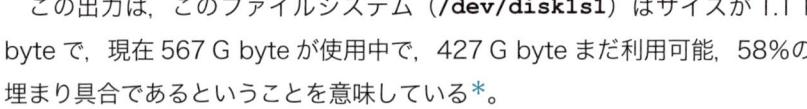
Dr. Bono から
コマンドの処理が終わらないとき，Controlキーを押しながらcキーを押す（Ctrl-c）と，止めることができる。

この出力は，**Documents** 以下には総計 261 G byte のファイルがあるということを意味している。指定する引数はディレクトリでも普通のファイルでも，どちらでも構わない。ただ，ディレクトリ以下のすべてのファイルに関

して容量を計算するため，たくさんのファイルを階層下にもつディレクトリを指定すると，結果が返ってくるまでに時間がかかる場合があるので要注意。

ファイルの圧縮と展開

複数のファイルは直接 `gzip` で圧縮できないので，複数のファイルを `tar` で1つのファイルにまとめてから，`gzip` する。

```
# hoge.dディレクトリ以下の内容をhoge.tarというファイルにまとめる
% tar cvf hoge.tar hoge.d
# gzipでファイル圧縮
% gzip hoge.tar
# ファイル確認
% ls
hoge.tar.gz
```

 ファイルの圧縮については，『Dr. Bonoの生命科学データ解析 第2版』のp.91「ファイルの圧縮」も参照。

何て呼んだらいいの

tar
「ター」
gzip
「ジー ジップ」
gunzip
「ジー アンジップ」もしくは「ガンジップ」

なお，`tar` を実行する際に同時に `gzip` 圧縮することもよく行われる。

```
# hoge.dディレクトリ以下の内容を一つにまとめ，同時にgzip圧縮
% tar zcvf hoge.tar.gz hoge.d
# ファイル確認
% ls
hoge.tar.gz
```

逆に圧縮されたファイルを展開する（解凍する，ともいう）には，

```
# gunzipで展開
% gunzip hoge.tar.gz
# tarで展開
% tar xvf hoge.tar
```

とする。もしくは

```
% tar zxvf hoge.tar.gz
```

とする。

何て呼んだらいいの
bzip2
「ビー ジップツー」
bz2
「ビー ゼットツー」

また、より圧縮効率のよい **bzip2** というコマンドも使われている。圧縮されたファイルの拡張子は **.bz2** となる。

```
# tarで固めたファイルをbzip2で圧縮
% tar cvf hoge.tar hoge.d
% bzip2 hoge.tar
# ファイル確認
% ls
hoge.tar.bz2
```

gzip 圧縮同様、**tar** 実行時に同時に **bzip2** 圧縮することもできる。

```
# hoge.dディレクトリ以下の内容を一つにまとめ、同時にbzip2圧縮
% tar jcvf hoge.tar.bz2 hoge.d
# ファイル確認
% ls
hoge.tar.bz2
```

巨大なファイルはディスク容量を圧迫するので、できる限り **gzip** 圧縮する癖をつけよう。

ただ、多くの配列解析ツールは **gzip** 圧縮されたファイルなら圧縮されたままでも入力として受け入れられることが多いのに対して、**bzip2** 圧縮には対応していないことが多く、現状では **gzip** 圧縮にとどめておくのが得策ではないかと思われる[*]。

なお、システムに最初からインストールされている **gzip** よりも、それが並列化された **pigz** を使うことを推奨する。また同様に、**bzip2** よりも並列化された **pbzip2** を使うことを同じく推奨する。処理速度が格段に速いからである。

何て呼んだらいいの
pigz
「ピーアイジーゼット」
pbzip2
「ピービー ジップツー」

⬅ **pigz**, **pbzip2** については、p.168 コラム「並列版圧縮プログラム」を参照。

何て呼んだらいいの
echo
「エコー」

パイプとリダイレクト

echo は単純にその後に書いてある文字列を出力するコマンドである。

```
# 引数の文字列'TCGAATGC'を表示
% echo 'TCGAATGC'
TCGAATGC
```

｜（パイプ）を用いると、その出力を別のコマンドの入力として渡すことが

できる。`sed -e 's/T/U/g'` は，文字列中の `T` を `U` に変換するコマンドである。ちなみに `sed`（stream editor の略で，セドと読む）は，入力を行単位で読みとり，sed スクリプトと呼ばれるシンプルな命令文に従ってテキスト変換などの編集を行い，そして行単位で出力するコマンドである。

```
# 引数の文字列'TCGAATGC'をsedに渡してTをUに変換して出力
% echo 'TCGAATGC' | sed -e 's/T/U/g'
UCGAAUGC
```

この出力は画面に出るものであった。それを `RNA.txt` というファイルに出力するようにするには，`>` リダイレクトを使う。

```
# 引数の文字列'TCGAATGC'をsedに渡してTをUに変換した結果をRNA.txtファイルに出
  力（リダイレクト）
% echo 'TCGAATGC' | sed -e 's/T/U/g' > RNA.txt
# RNA.txtファイルの中身を確認
% cat RNA.txt
UCGAAUGC
```

結果は，`RNA.txt` というファイルにリダイレクトされる。また，`echo` コマンドを使わずに，入力をファイルの中身にすることができる。その場合は `<` リダイレクトを使う（出力とは向きが逆）。

```
# DNA.txtファイルの中身を確認
% cat DNA.txt
TCGAATGC
# DNA.txtの中身をsedに渡して（リダイレクトして）TをUに変換した結果をRNA.txtフ
  ァイルにリダイレクト
% sed -e 's/T/U/g' < DNA.txt > RNA.txt
```

GitHub ファイル取得

このファイル `DNA.txt` は，DrBonoDojo2 GitHub の 2-2 ディレクトリに置いてある。
https://github.com/bonohu/DrBonoDojo2/blob/master/2-2/DNA.txt

仮にエラーがあった場合，それは標準出力のリダイレクト先である `RNA.txt` には書き込まれず，標準エラー出力として画面に表示される。それでは困ることもあるので，エラーがあった場合，その標準エラー出力は別にファイルに書き込まれるようにしたい場合には，以下のように `2>` というリダイレクトを使う。

```
# DNA.txtの中身をsedにリダイレクトしてTをUに変換した結果をRNA.txtファイルにリ
ダイレクト，エラー出力をerr.txtに保存
% sed -e 's/T/U/g' < DNA.txt > RNA.txt 2> err.txt
```

こうすることで，標準出力は **RNA.txt** に，標準エラー出力は **err.txt** に別に出力される。このような処理は解析パイプラインをワークフローとして

◁◁ 特殊な意味をもつ文字については，『Dr. Bonoの生命科学データ解析第2版』のp.73「UNIXコマンド実行上の注意点」も参照。

◁ p.102「3.2 配列類似性検索」参照。

> **コラム**
>
> ## 特別な意味をもつ文字
>
> 本節でも出てきた|や>，~はUNIX上で特別な意味をもつ。これらを通常の文字として認識させたいときには，これらの文字の前に\（バックスラッシュ）をつける。例えば，|を文字として検索したい場合には以下のようにする。
>
> ```
> # '|'をgrep
> % grep \| err.txt
> ```
>
> また，最新のmacOSでは日本語入力モードだとデフォルトではバックスラッシュが入力できないようになっている。システム環境設定の「キーボード」にある「入力ソース」タブを押して出てくる画面の下のほうに「"¥"キーで入力する文字：」の設定があるので，そこで「\（バックスラッシュ）」を選ぶと入力できるようになる（図2.3）。

図2.3　バックスラッシュを入力する設定　これを設定しないと円記号（¥）が入力される。以前なら表示は円記号となってもバックスラッシュの意味として解釈されていたが，最新のmacOSではそうではなくなっているので，この設定変更が必須である。なお，一時的に入力する場合は，optionキーを押しながら'¥'のキーを押すと入力される。

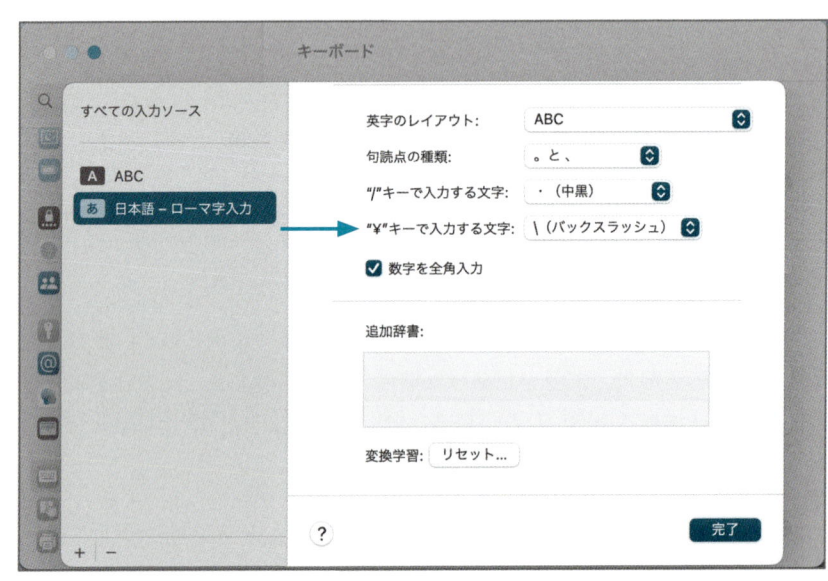

組む際などに必要不可欠である。

　リダイレクトを使う際に気をつけないといけないのが，この**リダイレクトによって書き込まれるファイルは上書きされる**ということである。すなわち，書き込み先のファイルがすでに存在していた場合，その内容は消えてなくなり，新しいファイルとして今から書き足す内容だけがファイルに書き込まれるということだ。それでは困る場合には，追記のリダイレクト **>>** を使うことで回避できる。

プロセス操作

　UNIX のシステム上で実行中のプログラムはプロセスと呼ばれ，すべてのプロセスにプロセス番号が割り振られて実行される。**ps**（process の意味）コマンドを用いて現在のシェルで実行されているプロセスを確認できる。

```
# プロセス確認
% ps
```

> **?** 何て呼んだらいいの
> ps
> 「ピーエス」

　また，**top** コマンドを用いると現在システム上で動いているプロセスを動的に閲覧できる。**top** を実行すると，今動いているプロセスが刻々とアップデートされていく様子が見られる。なお，終了するには q キーを押す。

```
# 現在動いているプロセスを動的に確認
% top
```

> **?** 何て呼んだらいいの
> top
> 「トップ」

　ある特定のプロセスを終了させるには **kill** コマンドを使う。その場合には，終了したいプロセスのプロセス番号を知る必要がある。例えば，**htop** というプログラムのプロセスの終了は，以下のような手順で行う。

```
# htopという名前のプロセスの，プロセス番号を調べる
% ps -ef|grep htop
  501 34684  5708   0  7:49PM ttys003    0:00.00 grep htop
  501 34574   553   0  7:49PM ttys004    0:00.04 htop
# killでhtopプロセスを殺す
% kill 34574
```

Linux（WSL2）のUbuntuには最初からインストールされている。

⇐ `conda`コマンドについては、p.37「2.3 シェルプログラミングのための環境構築」の「パッケージマネージャーで環境構築」を参照。

> **コラム**
>
> ## htop
>
> `htop`（エッチトップ）という、`top`をさらに便利にしたコマンドがある。macOSには最初から入っていないが`conda`コマンドで簡単に導入できる＊。
>
> ```
> # htopをcondaでインストール
> % conda install htop
> ```
>
> インストールされたら、以下のコマンドで起動できる。
>
> ```
> # 現在動いている自分のプロセスを動的に確認
> % htop
> ```
>
> ただ、一般ユーザーで実行するとそのユーザーが実行中のプロセスしか監視できない。そこで、以下のように`sudo`をつけて管理者権限で実行することですべてのプロセスが監視できるようになる。
>
> ```
> # スーパーユーザー権限で、現在動いているすべてのプロセスを動的に確認
> % sudo htop
> ```
>
> CPUの使用率だけでなく、メモリなどの状況に関しても一目でみることができ、大変便利である（図2.4）。

　プロセス番号 **34684** のほうは、それを調べるために実行した `grep` のプロセス番号なので、これではない。また、プロセス番号は `top` やアクティビティモニタの CPU タブでも調べることができる。

▌シェルコマンド

　UNIX コマンドラインといういい方をしてきたが、実際には bash や zsh というプロセスが起動してそれを処理している。bash や zsh は**シェル**の一種で、UNIX 本体であるカーネル（kernel）を包み込む貝（shell＝シェル）のような存在である。

Dr. Bono から

tab キーは、Mac では q キーの左にある、矢印が刻印してあるキーのこと。念のため。

　シェルがやってくれる機能として一番重宝するのが、**ファイル名補完機能**であろう。これは途中までファイル名を入力したのちに tab キーを打つと残りのファイル名を補完して入力してくれるというものである。

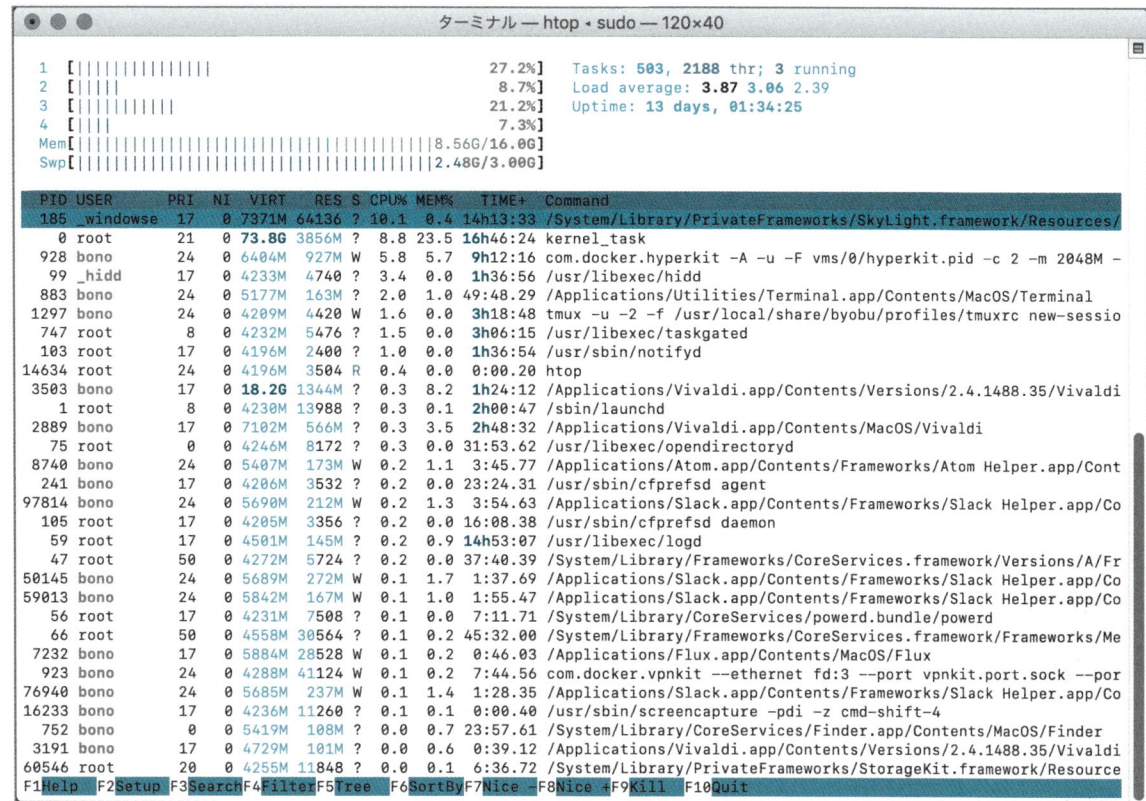

図2.4 **htop** htopをスーパーユーザー権限で実行した場合の画面の例。各スレッドごとのCPUの使用率やメモリの使用状況が一目でわかる。

　また，これまでに実行したコマンドをさかのぼって参照できる機能もこのシェルが担っている。上矢印キーを押すと直前に実行したコマンドが出てくる。また，`history`というコマンドを実行すると，これまで実行したコマンドがリストとなって表示される。

　コマンドの前に`time`をつけて実行するとそのプロセスにかかった時間が計測できる，というのもシェルが担っている機能である

　ここで紹介したシェルコマンドはシェルが提供する機能で，いわゆるコマンドではない。普通のコマンドは，コマンドサーチパス（次項参照）という，入力したコマンドが実際に置かれているディレクトリを探しにいくためのパスのどこかに存在している。その証拠に，`which`コマンドを使ってコマンドのパスを調べると，

```
# 普通のコマンドならコマンドの置かれているパスが返ってくる
% which ls
/bin/ls
# historyのようなシェルコマンドの場合はパスは返ってこない
% which history
history: shell built-in command
```

となり，シェルコマンドではプログラムがあるパスを返してはくれない。

■ コマンドサーチパス

前述の例外を除いたすべてのコマンドは，以下のコマンドで確認できるPATHという環境変数に書かれたパスのいずれかに存在している。環境変数は **env** コマンドで確認できる。また，**$** をつけるとシェル上から参照できる。具体的には以下のようにする。

```
# 環境変数PATHの設定を確認
% echo $PATH
/usr/local/bin:/usr/local/sbin:/Users/bono/bin:/usr/sbin:/sbin:/bin:/usr/bin
```

この値は，コマンドサーチパスと呼ばれる。コロン（:）区切りでパスが記載されており，これらのディレクトリのうちいずれかにあればコマンドが実行可能となる。また，より前に記載されているパスにあるコマンドが優先される。例えば，BLASTのプログラム群の1つである **blastn** が **/Users/bono/bin** と **/usr/local/bin** の両方のディレクトリに存在していた場合，上記のPATH環境変数のもとで単に

```
# blastn実行
% blastn
```

とコマンドを入力した場合，**/usr/local/bin** にある **blastn**（**/usr/local/bin/blastn**）が実行される。

いろいろなパス表記

実は，コマンドサーチパスにないコマンドも実行できる。その場合はそのプログラムのパスをフルパスで指定する必要がある。例えば，**bam2wig** というプログラム*をダウンロードフォルダ（**/Users/bono/Downloads**）にダウンロードしてきたところで，それをすぐに実行してみたい場合には，

```
% /Users/bono/Downloads/bam2wig
```

のようにすれば実行できる。ただし，ダウンロードしてきたばかりのファイルは，ファイル権限が正しくないので，実行権がついているかどうかをチェックしておいたほうがよい。

BAM形式のファイルをWIG形式に変換するプログラム。この2つの形式に関しては『Dr. Bonoの生命科学データ解析 第2版』のp.109, p.116を参照。

```
% ls -l /Users/bono/Downloads/bam2wig
-rwxr-xr-x 1 bono staff 30684  8 20 21:49 /Users/bono/Downloads/bam2wig
```

user（owner）に対して **x** がついているので，この場合は実行できる。

また，このような **/** からはじまる絶対パスではなく，相対的な指定をする相対パスでもよい。例えば，今ホームディレクトリにいるとして，同じくダウンロードフォルダの **bam2wig** プログラムを実行したい場合には

```
% pwd
/Users/bono
% ./Downloads/bam2wig
```

と指定する。ドット（**.**）はカレントディレクトリの意味である。

しかしながら，

```
% cd /Users/bono/Downloads
% bam2wig
```

Dr. Bono から

コマンドサーチパスにカレントディレクトリを含めないのは，例えば，カレントディレクトリに **ls** という名前の，実際の **ls** とはまったく違うことをするコマンドが置かれていたりすると，それが実行されて予期せぬことが起こるとまずいからである。このように，PATHの追加は慎重にすべきである。

では実行できない。それはコマンドサーチパスにカレントディレクトリ **.** を通常は含めないからである。

```
%  ./bam2wig
```

とする必要がある。

　配布されているプログラムは多くの場合，ディレクトリの中に同じ名前で実際のコマンドが存在する入れ子構造になっている。以下の例では **seqtk** というディレクトリの中に同じ名前で **seqtk** というコマンド＊が置かれている例である。その場合，そのディレクトリごとコマンドサーチパスのディレクトリにコピーしてもコマンドサーチパスには含まれない。コマンド本体をコピーする必要がある。

> ＊ seqtkは塩基配列を相補鎖に変換するなどができるツールである。

```
%  ls /Users/bono/Downloads/seqtk/seqtk
seqtk
#  ダメ
%  cp -r /Users/bono/Downloads/seqtk /usr/local/bin
#  こうする必要がある
%  cp /Users/bono/Downloads/seqtk/seqtk /usr/local/bin
```

コラム　コマンドラインのコピー＆ペースト

　コマンドラインはすべてキーボードで打ちこまないといけないかというと，そんなことはない。もちろん，コピー＆ペーストで済ませたってまったく問題ない。そのために本書のコードのうち長くて複雑なものはGitHub（https://github.com/bonohu/DrBonoDojo2/）にアップロードしてある。しかしながら，コピー＆ペーストの際に気をつけるべきことがある。

　まず，quote（'や"）の向きがおかしくなっていないか。印刷向けの書体だとquoteが飾り文字（'，'，"，"）になってしまっていることがあり，そのままコピー＆ペーストしてもうまく動かないことがある。PDFからコピーすると，特にこれが起こりやすいようだ。

　また，--（連続した2つのマイナス）が1本の「引く」になっていることもある。これも印刷向けの処理だが，それではうまくコマンドとして認識されないので注意のほど。

2.3　シェルプログラミングのための環境構築

本節では，シェルを使ったシンプルだが強力なプログラミングを紹介する。その前に，個別のプログラムをインストールする手段であるパッケージマネージャーを使ってデータ解析環境を構築する手段を説明する。

▌パッケージマネージャーで環境構築

2023年現在，バイオインフォマティクス界ではBioconda（https://bioconda.github.io）というパッケージマネージャーが最もよく使われていると推定される。それは，BiocondaはmacOSだけにとどまらず，Linuxでも利用可能だからだ。さらに，数多くのバイオインフォマティクスツールをカバーしていることも，広く利用される理由である。そこで，本書でもBiocondaの導入方法を紹介する。

> **？ 何て呼んだらいいの**
> **Bioconda**
> 「バイオコンダ」
> **Anaconda**
> 「アナコンダ」

Biocondaのインストール

まず，Anaconda（miniconda）をインストールする（https://conda.io/miniconda.html）。

このウェブページをみての通り，macOSに限定してもCPUの種類（Intel（x86）かApple silicon（arm）か），インストーラー，Pythonのバージョンで複数の種類のインストーラーがあるが，ここでは執筆時点（2023年3月）で最新（latest）のPython 3.10のbash installerを選択してダウンロードする。そして，そのファイルを実行する（図2.5）。

> **＊**
> minicondaは最小限の構成しかない軽量版のAnacondaである。

図2.5　minicondaのインストーラーのダウンロードページ（一部）

Python version	Name	Size	SHA256 hash
Python 3.10	Miniconda3 macOS Intel x86 64-bit bash	43.0 MiB	bfb81814e16eb450b1dbde7b4ecb9ebc5186834cb4ede5926c699762ca69953b
	Miniconda3 macOS Intel x86 64-bit pkg	42.8 MiB	bcc0067864011a93083ff2d6fe7b29e877c1477f24ee9d34b54d0165f8b32f11
	Miniconda3 macOS Apple M1 ARM 64-bit bash	41.7 MiB	cc5bcf95d5db0f7f454b2d800d52da8b70563f8454d529e7ac2da9725650eb27
	Miniconda3 macOS Apple M1 ARM 64-bit pkg	41.4 MiB	09d893e44400f61d36daeaa9befff8219a7e0127358d904a4368b2f0ae738df0
Python 3.9	Miniconda3 macOS Intel x86 64-bit bash	43.3 MiB	d78eaac94f85bacbc704f629bdfbc2cd42a72dc3a4fd383a3bfc80997495320e

```
#   (Apple silicon macの場合)
#   minicondaのインストーラーをダウンロード
%   curl -O https://repo.anaconda.com/miniconda/Miniconda3-latest-
MacOSX-arm64.sh
#   ダウンロードしたインストーラーを実行
%   sh Miniconda3-latest-MacOSX-arm64.sh

#   (Intel macの場合)
#   minicondaのインストーラーをダウンロード
%   curl -O https://repo.anaconda.com/miniconda/Miniconda3-latest-
MacOSX-x86_64.sh
#   ダウンロードしたインストーラーを実行
%   sh Miniconda3-latest-MacOSX-x86_64.sh

#   〔Linux(WSL2)の場合〕
#   minicondaのインストーラーをダウンロード
%   curl -O https://repo.anaconda.com/miniconda/Miniconda3-latest-
Linux-x86_64.sh
#   ダウンロードしたインストーラーを実行
%   sh Miniconda3-latest-Linux-x86_64.sh

Welcome to Miniconda3 py310_23.1.0-1
In order to continue the installation process, please review the license
agreement.
Please, press ENTER to continue
>>>
```

WSL2上ではLinuxが起動しているため，ダウンロードして利用するインストーラーはWindows用ではなくLinux用となることに注意。

と訊いてくるので，ENTER キーを押して続ける*。License Agreement が表示されるので読む。スペースキーを押すと１ページごとに読み進めることができる。「(END)」が表示されたらそこで行末で，さらにスペースを押すと続きが表示される。

```
==================================
Miniconda End User License Agreement
==================================

Copyright 2015, Anaconda, Inc.

All rights reserved under the 3-clause BSD License:

Redistribution and use in source and binary forms, with or without
modification, are permitted provided that the following conditions are met:
```

```
（中略）

Do you accept the license terms? [yes|no]
[no] >>>
```

と出てライセンスに同意するかどうか訊いてくる。**yes** と入力して ENTER キーを押すとインストールがはじまる。

```
Miniconda3 will now be installed into this location:
/Users/bono/miniconda3

  - Press ENTER to confirm the location
  - Press CTRL-C to abort the installation
  - Or specify a different location below

[/Users/bono/miniconda3] >>>
```

Miniconda3 をインストールするディレクトリを訊いてくるので，デフォルト（ホームディレクトリ以下の miniconda3 という名前のディレクトリ。著者 Dr. Bono のアカウントの場合，**/Users/bono/miniconda3** ）のままでよければ ENTER キーを押してインストールを続ける。

Linux（WSL2）では **/home/bono/miniconda3** となる。もちろん，`'bono'` の部分はアカウント名に依存して変わる。

```
PREFIX=/Users/bono/miniconda3
installing: python-3.7.3-h359304d_0 ...
Python 3.7.3
installing: ca-certificates-2019.1.23-0 ...
installing: libcxxabi-4.0.1-hcfea43d_1 ...
installing: xz-5.2.4-h1de35cc_4 ...
installing: yaml-0.1.7-hc338f04_2 ...

（中略）

installing: urllib3-1.24.1-py37_0 ...
installing: requests-2.21.0-py37_0 ...
installing: conda-4.6.14-py37_0 ...
installation finished.
Do you wish the installer to initialize Miniconda3
by running conda init? [yes|no]
[yes] >>>
```

Miniconda3 を使うための設定を `.bash_profile` ファイルに書き込むかどうかを訊いてくるので，これもそのまま ENTER キーを押して続ける。

```
Initializing Miniconda3 in newly created /Users/bono/.bash_profile

For this change to become active, you have to open a new terminal.

Thank you for installing Miniconda3!
```

これで Miniconda3 を使う設定は完了で，いったんターミナルのウィンドウを閉じてシェルを再起動する。

インストールが終わったら，次の順で conda の channel＊を追加すると Bioconda が使えるようになる。

> ＊ Anacondaではユーザーが独自のレポジトリを作成して anaconda.org にそのパッケージを登録することができる。このレポジトリ名を channel と呼ぶ。

```
# Anacondaでchannelを追加
% conda config --add channels defaults
% conda config --add channels bioconda
% conda config --add channels conda-forge
% conda config --set channel_priority strict
```

Biocondaの利用例1：coreutils

Bioconda のウェブサイト（https://bioconda.github.io）をみると 6,000 を超えるさまざまなツールがリストされているが，まず入れるべきは，coreutils と呼ばれる基本的なツール群である。

```
# coreutilsをインストール
% conda install coreutils
Collecting package metadata (current_repodata.json): done
Solving environment: done

## Package Plan ##

  environment location: /Users/bonohulab/miniconda3
```

```
  added / updated specs:
    - coreutils


The following packages will be downloaded:

    package                    |            build
    ---------------------------|-----------------
    coreutils-9.3              |       hb7f2c08_0         1.3 MB  conda-forge
    ------------------------------------------------------------
                                           Total:         1.3 MB

The following NEW packages will be INSTALLED:

  coreutils          conda-forge/osx-64::coreutils-9.3-hb7f2c08_0



Proceed ([y]/n)?


Downloading and Extracting Packages

Preparing transaction: done
Verifying transaction: done
Executing transaction: done
```

新たにインストールされるツール（INSTALLED: 以下）やアップデートされるツール（UPDATED: 以下）がリストアップされ，これで進めてよいか確認してくる．ENTER キーを押すとインストールがはじまる．

```
Preparing transaction: done
Verifying transaction: done
Executing transaction: done
```

先に紹介した **df** や **du** に関して，新しい別バージョンのものが別のディレクトリ（**/Users/bono/miniconda3/bin/** ）以下にインストールされる．コマンドサーチパス（環境変数 **PATH**）をみると

Linux（WSL2）では **/home/bono/miniconda3/bin/**

```
% env | grep PATH
PATH=/Users/bono/miniconda3/bin:/usr/local/bin:/usr/
bin:/bin:/usr/sbin:/sbin
```

となっており，**/Users/bono/miniconda3/bin/** が先にきているので，単に **df** と入力した際には，優先順位に従って今回インストールしたファイル（＝コマンド）が使われる．

```
# dfと入力した時に使われるコマンドのパスを確認
% which df
/Users/bono/miniconda3/bin/df
# dfコマンドを実行
% df -H
Filesystem      Size   Used  Avail Use% Mounted on
/dev/disk1s1    1.1T   568G   427G  58% /
/dev/disk1s4    1.1T   5.4G   427G   2% /private/var/vm
# システムに最初から入っていたdf（/bin/以下にある）を実行
% /bin/df -H
Filesystem      Size   Used  Avail Capacity iused               ifree %iused  Mounted on
/dev/disk1s1    1.0T   567G   427G     58% 1906104 9223372036852869703    0%  /
devfs           208k   208k    0B    100%     704                   0  100%  /dev
/dev/disk1s4    1.0T   5.4G   427G      2%       5 9223372036854775802    0%  /private/
var/vm
```

　このように同じコマンド名でも別のものが同じファイルシステムに複数インストールされていることがよくある．どのコマンドが実行されているのか，常に注意する必要がある．特定のパスのコマンドを実行する場合には，最後の例のようにフルパス指定するのが無難である．

Biocondaの利用例2：EMBOSS

　別の例として，EMBOSS（The European Molecular Biology Open Software Suite）をインストールしてみよう．

```
% conda install emboss
Collecting package metadata (current_repodata.json): done
Solving environment: unsuccessful initial attempt using frozen solve.
Retrying with flexible solve.
Solving environment: unsuccessful attempt using repodata from current_
repodata.json, retrying with next repodata source.
Collecting package metadata (repodata.json): done
Solving environment: done

## Package Plan ##

  environment location: /Users/bonohulab/miniconda3

  added / updated specs:
    - emboss


The following packages will be downloaded:

    package                    |            build
    ---------------------------|-----------------
    emboss-6.6.0               |       h6debe1e_0        93.9 MB  bioconda
    expat-2.5.0                |       hf0c8a7f_1         118 KB  conda-forge
    font-ttf-dejavu-sans-mono-2.37|    hab24e00_0         388 KB  conda-forge
    font-ttf-inconsolata-3.000 |       h77eed37_0          94 KB  conda-forge
    font-ttf-source-code-pro-2.038|    h77eed37_0         684 KB  conda-forge
    font-ttf-ubuntu-0.83       |       hab24e00_0         1.9 MB  conda-forge
    fontconfig-2.14.2          |       h5bb23bf_0         232 KB  conda-forge
    fonts-conda-ecosystem-1    |                0           4 KB  conda-forge
    fonts-conda-forge-1        |                0           4 KB  conda-forge
    freetype-2.12.1            |       h3f81eb7_1         586 KB  conda-forge
    giflib-5.2.1               |       hb7f2c08_3          75 KB  conda-forge
    jpeg-9e                    |       hb7f2c08_3         226 KB  conda-forge
    lerc-4.0.0                 |       hb486fe8_0         284 KB  conda-forge
    libexpat-2.5.0             |       hf0c8a7f_1          68 KB  conda-forge
    libgd-2.3.3                |       h1e214de_3         239 KB  conda-forge
    libiconv-1.17              |       hac89ed1_0         1.3 MB  conda-forge
    libpng-1.6.39              |       ha978bb4_0         265 KB  conda-forge
    libtiff-4.4.0              |       h5e0c7b4_3         604 KB  conda-forge
    libwebp-1.2.4              |       hfa4350a_0          84 KB  conda-forge
```

```
    libwebp-base-1.2.4        |        h775f41a_0          385 KB  conda-forge
    zlib-1.2.13               |        h8a1eda9_5           89 KB  conda-forge
    ------------------------------------------------------------
                                           Total:         101.4 MB

The following NEW packages will be INSTALLED:

  emboss              bioconda/osx-64::emboss-6.6.0-h6debe1e_0
  expat               conda-forge/osx-64::expat-2.5.0-hf0c8a7f_1
  font-ttf-dejavu-s~  conda-forge/noarch::font-ttf-dejavu-sans-mono-2.37-
hab24e00_0
  font-ttf-inconsol~  conda-forge/noarch::font-ttf-inconsolata-3.000-
h77eed37_0
  font-ttf-source-c~  conda-forge/noarch::font-ttf-source-code-pro-2.038-
h77eed37_0
  font-ttf-ubuntu     conda-forge/noarch::font-ttf-ubuntu-0.83-hab24e00_0
  fontconfig          conda-forge/osx-64::fontconfig-2.14.2-h5bb23bf_0
  fonts-conda-ecosy~  conda-forge/noarch::fonts-conda-ecosystem-1-0
  fonts-conda-forge   conda-forge/noarch::fonts-conda-forge-1-0
  freetype            conda-forge/osx-64::freetype-2.12.1-h3f81eb7_1
  giflib              conda-forge/osx-64::giflib-5.2.1-hb7f2c08_3
  jpeg                conda-forge/osx-64::jpeg-9e-hb7f2c08_3
  lerc                conda-forge/osx-64::lerc-4.0.0-hb486fe8_0
  libexpat            conda-forge/osx-64::libexpat-2.5.0-hf0c8a7f_1
  libgd               conda-forge/osx-64::libgd-2.3.3-h1e214de_3
  libiconv            conda-forge/osx-64::libiconv-1.17-hac89ed1_0
  libpng              conda-forge/osx-64::libpng-1.6.39-ha978bb4_0
  libtiff             conda-forge/osx-64::libtiff-4.4.0-h5e0c7b4_3
  libwebp             conda-forge/osx-64::libwebp-1.2.4-hfa4350a_0
  libwebp-base        conda-forge/osx-64::libwebp-base-1.2.4-h775f41a_0
  zlib                conda-forge/osx-64::zlib-1.2.13-h8a1eda9_5


Proceed ([y]/n)?



Downloading and Extracting Packages

Preparing transaction: done
Verifying transaction: done
Executing transaction: done
```

新たにインストールされるツール（INSTALLED: 以下）やアップデートされるツール（UPDATED: 以下，上の例ではない）がリストアップされ，これで進めてよいか確認してくる。ENTER キーを押すとインストールがはじまる。

```
Preparing transaction: done
Verifying transaction: done
Executing transaction: done
```

EMBOSS には多くの分子生物学研究に役立つコマンドが含まれている（参照）。詳細に関しては EMBOSS のウェブサイト（https://emboss.sourceforge.net/）を参照されたい。

 統合 TV

統合TVでもいくつかのプログラムが日本語で紹介されている。
https://togotv.dbcls.jp/result.html?query=emboss&type=manual&page=1

例えば，**revseq** は reverse complement，つまり相補鎖の DNA 配列を出力してくれる。

```
# 2.2節でも使ったDNA配列だけが書きこまれたファイルDNA.txtを使う
% cat DNA.txt
TCGAATGC
# revseq実行
% revseq DNA.txt rev.txt
Reverse and complement a nucleotide sequence
# 出力結果を見る
% cat rev.txt
>EMBOSS_001 Reversed:
GCATTCGA
```

しかし，Apple silicon mac では以下のようなメッセージが出てインストールが完了しない。これは，メッセージにも書いてある通り，Apple silicon（arm）版の Bioconda では EMBOSS のパッケージが利用できないからである。では，どうするか？ もちろん，EMBOSS が Bioconda でインストール可能な環境でインストールして利用するという手段もあるが，以下の節で述べる Homebrew を試してみよう。

```
% conda install emboss
Collecting package metadata (current_repodata.json): done
Solving environment: failed with initial frozen solve. Retrying with flexible solve.
Collecting package metadata (repodata.json): done
```

```
Solving environment: failed with initial frozen solve. Retrying with flexible
solve.

PackagesNotFoundError: The following packages are not available from current
channels:

  - emboss

Current channels:

  - https://conda.anaconda.org/conda-forge/osx-arm64
  - https://conda.anaconda.org/conda-forge/noarch
  - https://conda.anaconda.org/bioconda/osx-arm64
  - https://conda.anaconda.org/bioconda/noarch
  - https://repo.anaconda.com/pkgs/main/osx-arm64
  - https://repo.anaconda.com/pkgs/main/noarch
  - https://repo.anaconda.com/pkgs/r/osx-arm64
  - https://repo.anaconda.com/pkgs/r/noarch

To search for alternate channels that may provide the conda package you're
looking for, navigate to

    https://anaconda.org

and use the search bar at the top of the page.
```

> **コラム** 　**正常にcondaインストールできなくなったら**
>
> 　色々なパッケージを多数インストールしていくと，すでにインストールされているパッケージと衝突（conflict）が起きて新たにインストールできなくなることがある。この原因としては，新しいプログラムが利用するライブラリーなどのバージョンが異なるなどのさまざまな問題が考えられる。
>
> 　そういった場合には，conda環境を利用してそのプログラム用の利用環境を作成することが推奨されている。詳しくは以下のウェブサイトなどを参照されたい。
> 　https://www.python.jp/install/anaconda/conda.html
>
> 　それでも解消しない場合には，minicondaを再インストールするなどを試みるとよいだろう。もしくは，本節の最後に言及している，BioContainersを使ってDocker上で動かすことが選択肢として考えられる。

Bioconda以外のパッケージマネージャー

Bioconda以外のパッケージマネージャーとしては、Homebrewがm acOSではよく使われている。上述のEMBOSSなど、その環境やツールによってはBiocondaでは利用できず、Homebrewでしかインストールできないものもある。そのようなツールを使う場合はHomebrewも併せてインストールして利用することになるが、複数のパッケージマネージャーを同居させることはさまざまな不具合の元となるので、できる限り併わせて使わない方がよいだろう。本書では可能な限り、condaを使ったインストールで説明するようにしてある。

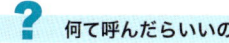

Homebrew
「ホーム ブリュー」

Homebrewについては、『Dr. Bonoの生命科学データ解析第2版』のp.77コラム「Homebrew」も参照。

Homebrewのインストール手順は以下の通りである。

```
% /bin/bash -c "$(curl -fsSL https://raw.githubusercontent.com/Homebrew/install/HEAD/install.sh)"
==> Checking for `sudo` access (which may request your password)...
Password:
==> This script will install:
/usr/local/bin/brew
/usr/local/share/doc/homebrew
/usr/local/share/man/man1/brew.1
/usr/local/share/zsh/site-functions/_brew
/usr/local/etc/bash_completion.d/brew
/usr/local/Homebrew
stat: cannot read file system information for '%u': No such file or directory
stat: cannot read file system information for '%g': No such file or directory
==> The following existing directories will be made group writable:
/usr/local/lib
==> The following existing directories will have their owner set to bono:
/usr/local/lib
==> The following existing directories will have their group set to admin:
/usr/local/lib
==> The following new directories will be created:
/usr/local/etc
/usr/local/include
/usr/local/sbin
/usr/local/var
/usr/local/opt
/usr/local/share/zsh
```

```
/usr/local/share/zsh/site-functions
/usr/local/var/homebrew
/usr/local/var/homebrew/linked
/usr/local/Cellar
/usr/local/Caskroom
/usr/local/Frameworks

Press RETURN/ENTER to continue or any other key to abort:
```

と出るので，ENTERキーを押して続ける。

```
（中略）

==> Next steps:
- Run these two commands in your terminal to add Homebrew to your PATH:
    (echo; echo 'eval "$(/usr/local/bin/brew shellenv)"') >> /Users/
    bono/.zprofile eval "$(/usr/local/bin/brew shellenv)"
- Run brew help to get started
- Further documentation:
    https://docs.brew.sh
```

Homebrewのコマンド名は **brew** である。

生命科学データ解析関係のツールをインストールするために，以下のレポジトリを `'brew tap'` というコマンドで追加しておく*。

```
# brewsci/bioとbrewsci/scienceを追加
% brew tap brewsci/bio
% brew tap brewsci/science
```

前節で Apple silicon mac だとうまくインストールできなかった EMBOSS は，Homebrew で以下のコマンドでインストール可能である。

```
# HomebrewでEMBOSSをインストール
% brew install emboss
```

コラム パッケージマネージャーの歴史

macOSがUNIXになった頃，Finkという，UNIX環境向けに開発されたオープンソフトウェア群をmacOSでも使えるようにすることを目標とした，インターネットコミュニティーによるプロジェクトがあった。そのおかげで，macOSに特化したパッケージマネージャーが誰でも利用可能となった。これによってmacOSがUNIXとして実用的に使えるレベルになっていた。

その後，Finkと同様のパッケージマネージャーとしてMacPortsが使われるようになった。MacPortsを使うには，インストール時に管理者権限が必要であった。

さらにその後，基本的に管理者権限なしでパッケージをインストールできるHomebrewがインターネット上の開発コミュニティーによって（まさしく）醸成され，今でも広く使われている。

直近では，異なるバージョンのPythonの実行環境を作るツールであるAnacondaを用いたパッケージマネージャーが広く使われるようになり，それの生命科学ツール版としてBiocondaが出てきた。Biocondaは，macOSのみならず，Linuxでも使えることから現在広く生命科学データ解析コミュニティで受けれられているパッケージマネージャーとなっている。

さらに，Biocondaで登録されたツールはコンテナ仮想化ツールDocker上でさまざまなプラットフォーム上で動作するようDocker化され，BioContainers（https://biocontainers.pro）と呼ばれて，必要なときに呼び出して使えるようになろうとしている。

そういう経緯から，本書ではおもにこのAnaconda（Bioconda）によるツール導入方法を紹介している。

❓ 何て呼んだらいいの
Fink
「フィンク」
MacPorts
「マック ポーツ」

❓ 何て呼んだらいいの
Docker
「ドッカー」
BioContainers
「バイオ コンテナーズ」

■ 繰り返し処理

生命科学研究において多くの処理が，ちょっとした違いがある処理の繰り返しである。データ解析においても同様で，多くが繰り返し処理である。この繰り返し処理は，ちょっとしたシェルプログラミングで簡単に実現することができる。すなわち，コマンドラインによって大きな恩恵をこうむることができるわけである。

一番単純なものは，カレントディレクトリにあるファイルすべてに対して同じ処理を施すというものである。例えば，カレントディレクトリにあるすべてのファイルを `gzip` 圧縮する処理がそれである。

```
# この構文が繰り返し処理の基本となる
% for f in *; do
gzip $f
done
```

　カレントディレクトリにあるすべてのファイルについて，ファイル名を変数 f に入れ，do 〜 done までの処理を行う（変数の値を参照するときは $ をつける）。gzip は，引数に複数のファイルを指定して処理することができるため，この処理は以下のようなコマンドでももちろん実現できる。

```
# 繰り返し処理なし
% gzip *
```

　ただ，このような処理ができないコマンドもあるし，ファイル数が数万や数十万あるなど多すぎて処理が不可能な場合もある。また，実行コマンドは複数行に記述できるので，順番に実行する必要がある処理などに応用できる。すなわち，2 行目の処理（上の例では gzip $f）を変えることでいろいろなことに利用可能である。

　さらに高度な利用方法として，seq コマンドを使うやり方がある。seq は，開始と終了の数字を入れるとその間の数字を出力してくれるという単純なコマンドである。

```
# 5から順番に10まで自然数を出力
% seq 5 10
5
6
7
8
9
10
```

 p.75「2.5 公共データベースからのデータ取得」の「繰り返し処理によるデータ取得（通し番号編）」で，これを応用した例を紹介している。

＊ ちなみに，前に0をつけて桁数を揃えたい場合 (001, 002, …)，seq に -w オプションをつけて実行する。

　これを利用して，ナンバリングされた 100 個あるファイルを順に処理していくということが可能である＊。

```
# seqの出力をfor構文に組み込む
% for c in `seq 1 100`; do
echo $c
# ここに処理を記述
done
```

バッチスクリプト

色々とコマンドを紹介しているが，もちろん人間はこれらすべてを覚えておくことはできない。また，メモ書きするにしても面倒である。そこで，それらのコマンドを順番に記述しファイルに保存して，実行できるようにしておくと便利だろう。それがバッチスクリプトである。

例えば，前述の例の場合，

for-seq.sh
```
#!/bin/sh
for c in `seq 1 100`; do
 echo $c
done
```

をファイルの内容としてファイル名 `for-seq.sh` として保存する。それを実行するには以下のようにする。

```
# 保存したスクリプトを実行
% sh for-seq.sh
```

また，`for-seq.sh` に実行権をつけて直接実行できるようにしてもよい。

```
# ファイルに実行権をつける
% chmod +x for-seq.sh
# 実行できるようになったスクリプトを実行
% ./for-seq.sh
```

> **GitHub ファイル取得**
>
> このファイル `for-seq.sh` は，`DrBonoDojo2` GitHub の 2-3 ディレクトリに置いてある。
> https://github.com/bonohu/DrBonoDojo2/blob/master/2-3/for-seq.sh

> **Dr. Bono から**
>
> このファイルの先頭行は `#` からはじまっているが，これはコメント行ではなく，以下のコマンドを解釈するプログラム（インタプリタという）を指定するものである。

> **コラム**
>
> ### テキストエディタを使いこなそう
>
> 本節ではこれまで紹介してきたコマンドライン入力に加えて，スクリプトを書くことを紹介した。そのスクリプトを書くためには，テキストエディタが必要となってくる。
>
> macOSにはじめからインストールされているエディタとしては，アプリケーションフォルダ内にある「テキストエディット」がある。ただ，新規書類を開いた状態のデフォルトではリッチテキスト用のエディタになっているので，「フォーマット」から「標準テキストにする」を選択してテキストだけのエディタモードに変更する必要があることに注意する。講習会などで使ってもらう際にはそれで十分だが，日常的に使うとなると，別のテキストエディタを追加インストールして用意したほうがいい。Dr. Bonoがすすめているのは，Visual Studio Code (VSCode; https://azure.microsoft.com/ja-jp/products/visual-studio-code)である。VSCodeは，本書を書く際にも使用したテキストエディタである。
>
> また，コマンドラインで(ターミナルの中で)起動して使うテキストエディタとしては，macOSでははじめからインストールされているものとして，**vi** (**vim**)，**emacs**，**nano**などがある。ちょっとしたファイルの変更にはこれらのテキストエディタが重宝するが，それぞれにクセがあるので，自分にあったものをみつけて使いこなそう。

Git，GitHub の利用

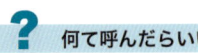

何て呼んだらいいの
Git
「ギット」や「ジット」
GitHub
「ギット ハブ」や「ジット ハブ」

　Git は，もともと Linux の開発のために作成されたプログラムのソースコードなどの変更履歴を記録・追跡するための，分散型バージョン管理システムである。また，GitHub は，ソフトウェア開発のプラットフォームで，プログラムのソースコードをホスティングするサイトであり，コードのバージョン管理に Git を使用している。自らコードを書いて管理せずとも，GitHub にアップされているプログラムを利用することは，当然ある。それをとってくるには，以下のように `git` というコマンドを使う。

　例えば，GitHub の `bonohu` というアカウントが作っている `DrBonoDojo2` というプロジェクトのコードをすべて取得するには以下のようにする。

```
# GitHubのページ（https://github.com/bonohu/DrBonoDojo2）をコピーしてくる
% git clone https://github.com/bonohu/DrBonoDojo2
```

こうすると https://github.com/bonohu/DrBonoDojo2 以下にあるコードをカレントディレクトリにすべてとってくることができる．その結果，カレントディレクトリに **DrBonoDojo2** というディレクトリが作成され，GitHub に置かれているソースツリーがその構造のまま，コピーされる．

 **Dr. Bono から**

この **DrBonoDojo2** のプロジェクトには本書で使っているファイルが収められているので，ダウンロード（`git clone`）してご利用いただきたい．

```
# プロジェクト名のディレクトリに移動
% cd DrBonoDojo2
# git cloneされたファイルを確認
% ls -F
README.md  2-2/  2-3/
（以下略）
```

■ 生命科学分野で使われるプログラミング言語

生命科学データ解析では，高速な処理が行えるようにコンパイラが時間をかけて最適化することができるコンパイラ言語として，C と C++ という言語が用いられることが多い．3.2 節で紹介する BLAST などがその例だ．しかしながら，ちょっとしたデータ処理にはコンパイルせずに実行できる**スクリプト言語**が使われることが多い．その場限りのプログラムにもスクリプト言語がしばしば用いられる．つまり，コンパイラ言語でのプログラミングではなく，スクリプト言語を使いこなせるようになればいいのだ．

 **Dr. Bono から**

その場限りのプログラムは，捨てコードとも呼ばれる．

そのためにまずは，それらの誰かが書いたスクリプト（コード）を実行してみて，それを使いこなせるようになればよい．すなわち，**スクリプトをまったくの 0 から書けるようになる必要はない**．自分の必要な動作が得られるよう，一部を書き換えることができるようになればそれでよい．

ここでは，数あるスクリプト言語に関して事前に知っておいたほうがよい事柄について簡単に紹介する．これらのスクリプト言語はシェルスクリプトと同様に，基本的にはシェル上からコマンドとして利用する．実際の使いこなし事例に関しては，第 3 章にちりばめられているので，そちらへの参照も記載している．

なお，awk，Perl，Ruby *に関してはmacOSに最初から入っているため，改めてインストールする必要はない。

awk

オークと読む。A. V. Aho，P. J. Weinberger，B. W. Kernighanの3人によって開発され，その頭文字からawkという名前がついた。UNIXに最初からインストールされており処理が高速なので，データ量が非常に多いNGSデータ解析で使われることが多くなっている。awkのスクリプトは，ファイルに保存して実行するというよりは，以下のようにシェル上からワンライナー*で実行することが多い。

Ubuntu (WSL2) ではawkとPerlは最初から入っているが，Rubyはインストールされていないので，
% `sudo apt install ruby`
として別途インストールする必要がある。

awkを使った例は，「2.5 公共データベースからのデータ取得」や「3.3 系統樹作成」などに複数ある。

ワンライナーとは1行で完結するスクリプトのこと。

```
# awkによる足し算
% x=3;y=16;echo | awk -v xx=$x -v yy=$y '{sum=xx + yy; print sum}'
19
```

Perl

パールと読む。文字列処理が強力で，特定のフォーマットを出力する便利なプログラムとして長年使われ続けている。また，さまざまなプログラムをつなぎ合わせる糊のような言語（グルー言語）として重宝されている。生命科学分野においては，BioPerlが2000年以前より活動しており，BioXXというプロジェクトの中で一番古い歴史がある。BioPerlはEnsemblプロジェクトでそのデータ作成など，多岐にわたって使われている。Perl使いは，Perlerと呼ばれる。Dr. BonoがPerlerであることもあって，Perlを使った例は第3章の各節にある。

何て呼んだらいいの
Perler
「パーラー」

awkほどではないが，以下の例のようにPerlもワンライナーで使われることが多い。

```
# 古いmacで作成したテキストをUNIX用の改行コードに変換
% perl -pe 's/\r/\n/g' mac.txt > unix.txt
```

Ruby

　ルビーと読む。Rubyは，まつもとゆきひろ氏によって開発されたプログラミング言語である。つまり，日本で開発されたため，日本語によるリファレンスも多い。そのため，日本人にはRubyを書くプログラマー，Rubyistが多い。生命科学分野においても，日本でBioRubyプロジェクトが立ち上げられ，現在も開発が続けられている（http://bioruby.org）。Perlの代替として使われることが多い。

　本節で紹介したパッケージマネージャーHomebrewのインストールスクリプトがRubyで書かれている。また，3.2節で紹介するlocalなBLASTウェブインターフェースを実現するsequenceserverが，Rubyで実装されたプログラムの例となっている。

> **？ 何て呼んだらいいの**
> **Rubyist**
> 「ルビスト」

> ⇒ sequenceserverについては，p.120「3.2 配列類似性検索」の「応用例3：ローカルにBLASTウェブサーバーを立てる」を参照。

R

　アールと読む。Rは，オープンソース・フリーソフトウェアの統計解析向けのプログラミング言語である。生命科学データ解析においては，R単体よりもBioconductor（https://bioconductor.org/）にある有用なパッケージを使うために用いられることが多い。Bioconductorは，生命科学に特化した解析手法やハイスループットなオミックスデータの解析とその理解のためのツールを提供しているプロジェクトで，Rを用いたオープンな開発が行われている。多くの専門的な生命科学データ解析手法がRで実装・公開されており，自分でRを書かなくてもよいが，使いこなせるようになる必要がある。

　macOSにはRが最初からはインストールされていないので，Rとそれを便利に使うための作業環境であるRStudioをインストールする必要がある。3.5節ではインストールの手順に加えて，Bioconductorにあるパッケージ`tximport`を使う実例や，主成分分析（PCA）をRで書かれたプログラムで行う例を紹介している。

> ⇒ Rのインストール手順は，p.170「3.5 トランスクリプトーム解析」の「Bioconductorのパッケージを使って遺伝子ごとの発現値へ変換」を参照。

　現在，Rを用いて開発されたパッケージは，前述のBiocondcutorやThe Comprehensive R Archive Network（CRAN）上で公開されている。それらの数を把握するのが困難なほど多くのパッケージが開発されており，それぞれのパッケージのドキュメントをテキスト検索して求めるパッケージかど

> **？ 何て呼んだらいいの**
> **CRAN**
> 「シーラン」または「クラン」

うかを見分けるのは困難な状況である。インターネット検索エンジンのイメージ検索のように，作成されるグラフのイメージから逆引きできると便利だろう。

Python

パイソンと読む。プログラミング言語として広く使われるようになってきており，それに伴って生命科学分野でも頻繁に使われるようになってきている。バージョン 2 と 3 の Python で書かれたソフトウェアが生命科学分野では両方使われてきたが，2020 年 1 月 1 日にバージョン 2 のサポート終了となった。そのため，さまざまなバージョンの Python を使うための仕組みが必要であり，上述の Anaconda ももともとは，その目的で使われていた環境構築のための仕組みである。

> **何て呼んだらいいの**
> pip
> 「ピップ」

また pip (Pip Installs Packages または Pip Installs Python の略) という，Python で書かれたソフトウェアをインストールするための管理システムもある。Anaconda と pip の両方でインストールできるソフトウェアが多くなっているが，まぜると依存関係が崩れて危険である。なので，Dr. Bono はできる限り Anaconda でインストールして，Anaconda にない場合は pip を使うようにしている。

> **何て呼んだらいいの**
> Jupyter
> 「ジュピター」

対話的に Python によるプログラミングをウェブブラウザ上で実行できるソフトウェアとして Jupyter notebook が広く使われている。Jupyter notebook で実行したコードは自動保存され，そのファイルを簡単に共有できる。この Jupyter notebook の仕組みは，Python だけにとどまらず，前述の R や次に説明する Julia などの言語でも使えるようになっている。

そのコードを Jupyter notebook を使って編集している例も掲載してあるので，参考にしていただきたい。

> **何て呼んだらいいの**
> Pythonista
> 「パイソニスタ」
> Tensorflow
> 「テンサーフロー」

Python 使いは，Pythonista と呼ばれている。近年，R 使いよりも Pythonista がデータ解析業界に増えている。ディープラーニングのフレームワークとして使われている Tensorflow も Python で書かれており（https://github.com/Mishima-syk/py4chemoinformatics/），今後 Python で書かれたプログラムがさらに登場してくることであろう。なので，自分で書か

ないとしても，それらが使いこなせるようにはなっていないといけないのである。

Julia

ジュリアと読む。Juliaは，ビッグデータ時代の科学計算を高速にする可能性のある言語として注目されている。2018年にバージョン1が公開され，その後も頻繁に更新がなされている。執筆時(2023年3月)における最新バージョンは1.8.5となっている。

Julia使いはJulianと自称している。そのJulianによって，Juliaを使った応用が早くも公開されている。シングルセル解析において似た発現パターンをしている細胞を高速にみつけるプログラム **CellFishing.jl** がそれである（https://github.com/bicycle1885/CellFishing.jl）。今後の動向が注目されるプログラミング言語である。

> ❓ 何て呼んだらいいの
> **Julian**
> 「ジュリアン」

再現する計算結果をめざして：Docker

プログラム実行結果は，どこで実行したとしても基本的には同じはずである。しかしながら，さまざまなプログラムが組み合わさるとそれが保証できなくなってくる。これは，リファレンスデータベースのバージョンが異なっていたり，使うツールのバージョンが違っていたりすることに起因する。医学分野の応用などには，誰がどのマシンで動かしてもまったく同じ結果が得られるようにする仕組みが是非とも必要である。それに向けた取り組みとして，プログラムをミニチュア版の仮想環境で動かすことで環境に依存せず，またバージョンも指定したもので動かすことができるというDockerが注目されている。

> ❓ 何て呼んだらいいの
> **Docker**
> 「ドッカー」

このDockerはDocker Desktopという名前のソフトウェアとしてmacOSでもWindowsでもLinuxでも利用可能である。使っているプラットフォームのDocker DesktopのインストーラーをDocker Desktopのページ（https://www.docker.com/products/docker-desktop/）からダウンロードして，インストールする。使用するプログラムによってはメモリを多めにDockerに割り当てておく必要がある（図2.6，macOSのみ）。なお，Dockerコンテナを実行してみることで，インストールされたかどうかを

図2.6　Docker Desktop のResource設定画面

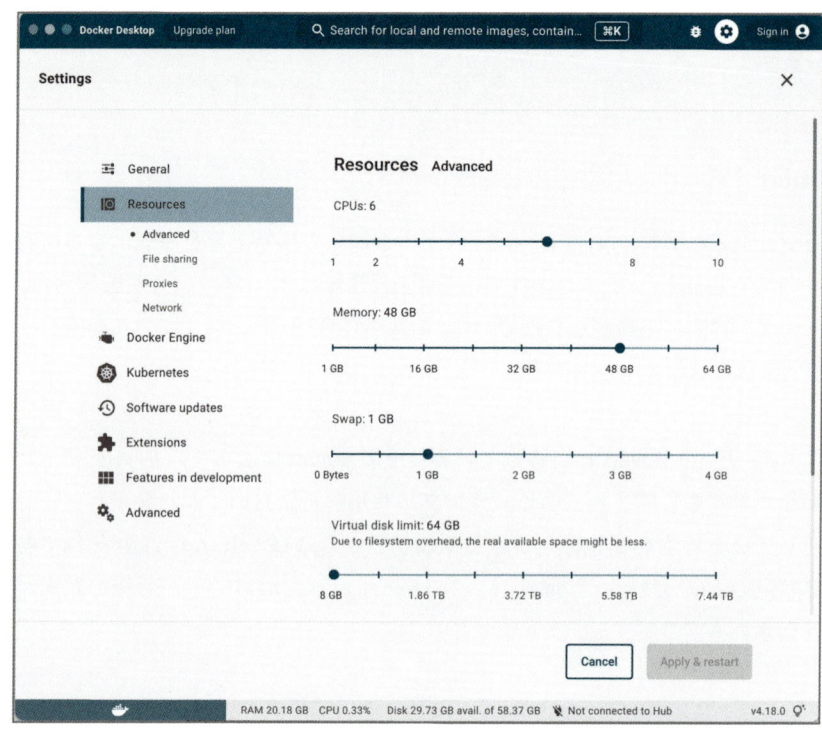

チェックできる。

```
# Dockerコンテナの実行例
% docker run -rm -it beezu/cmatrix
```

　Dockerが起動していれば，The Matrix調のアスキーアートがターミナル画面に現れるはずである（実行を修了するには，q キーか Ctrl + C を押下する）。

　BiocondaにあるツールをすべてDockerコンテナとして利用可能にしているBioContainers（https://biocontainers.pro/）というプロジェクトがある。そのBioContainersのコマンドラインツールを組み合わせて作成されるワークフローを記述する仕組みがいくつか開発されている。中でもCommon Workflow Language（**CWL**；https://www.commonwl.org/）が広く使われる兆しを見せている。例えば，NCBI Prokaryotic Genome Annotation Pipeline（**PGAP**）を自分のマシンでローカルに動かすためのプログラムがCWLで書かれていたり（https://www.ncbi.nlm.nih.gov/

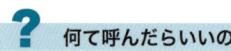

何て呼んだらいいの

CWL
「シーダブリューエル」
PGAP
「ピー ギャップ」

genome/annotation_prok/），DDBJ で開発中のヒトリシークエンスのワークフロー（https://github.com/ddbj/human-reseq）に CWL が採用されている。

2.4　ネットワークを介して遠隔のコンピュータを操作する

　コマンドライン処理の醍醐味の1つは，ターミナル上でネットワークを介して別の場所にあるコンピュータ（マシンと呼ぶ）を遠隔操作できることであろう。それを可能にするコマンドをここでは紹介する。

　以下で紹介している IP アドレスやファイル名はすべて架空のものであり，それぞれの環境に合わせて設定する必要がある。以下のとおり打ちこんでも同様には動かないので注意。

▍ssh

　ssh（secure shell の意味）は外部のマシンにログインするためのコマンドである。**ssh** は macOS や Linux（WSL2）にデフォルトでインストールされているため，特別のインストールは必要としない。例えば，手元の MacBook（図 2.7 左下）から IP アドレスが **192.168.168.2** の LAN 上のマシン（リモートマシン，図 2.7 右下）にログインするには以下のようなコマンドを使う。

> **？ 何て呼んだらいいの**
> ssh
> 「エスエスエイチ」

```
# IPアドレス192.168.168.2のマシンにログイン
% ssh 192.168.168.2
```

　ssh コマンドでログインするには，ログインする先のマシンにアカウントをもつ必要がある。現在ログインしているアカウント名と異なる場合には，アカウント名を明示して **ssh** する必要がある。例えば，手もとのマシンのアカウントが **bono** であるのに対して，**ssh** でログインするリモートマシンのアカウントが **bonohu** と異なっている場合には以下のようにする。

```
# IPアドレス192.168.168.2のリモートマシンにユーザーbonohuとしてログイン
% ssh bonohu@192.168.168.2
```

図2.7　LANとInternetの概念図　左下のMacBookからLANの中でsshしたりするほか、LANの外のInternetを介して外のマシン（例えば、遺伝研スパコン`gw.ddbj.nig.ac.jp`）にもsshすることができる。

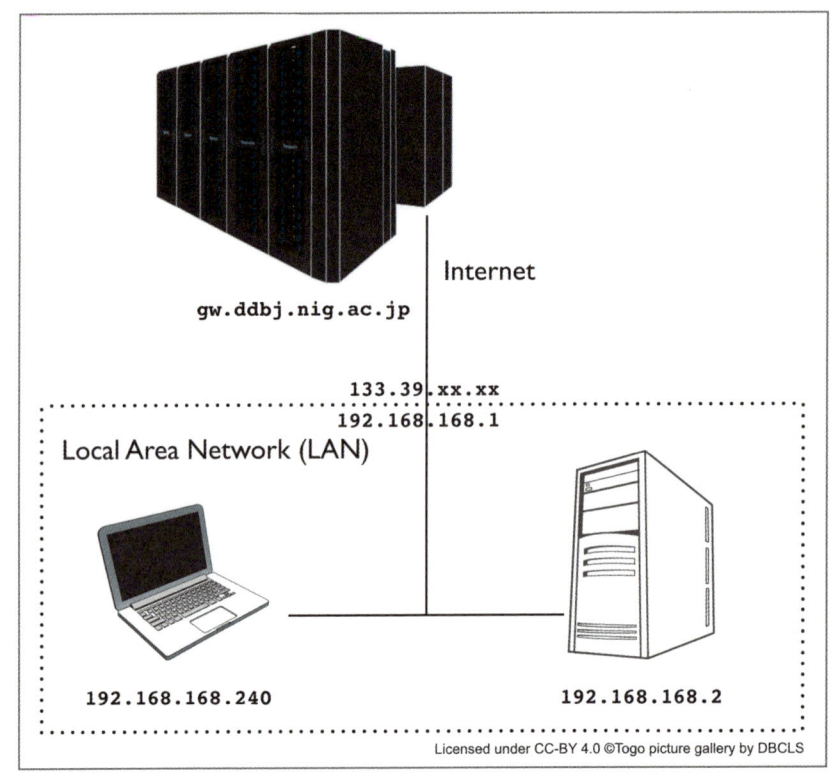

このようにログインできるようにするためには、もちろんリモートマシンにアカウントがないといけない。基本的にはアカウント名とそのパスワードがあればログインできる。

しかしながら、近年セキュリティが厳しくなっている。アカウントがあるだけではダメで、公開認証鍵（public key）をリモートマシンに登録しておくことが要求されるようになっている。その場合、あらかじめ手もとのマシンで `ssh-keygen` コマンドによって暗号鍵を作成しておく必要がある。例えば、Dr. Bono は以下のようなオプションでキーを作成している。

> **❓ 何て呼んだらいいの**
> **ssh-keygen**
> 「エスエスエイチ キージェン」

```
# 暗号鍵作成
% ssh-keygen -t rsa -b 4096
```

`-t` オプションで作成するキーのタイプ、`-b` オプションでキーのビット数を指定する。実行するとパスフレーズ（pass phrase）を訊いてくるので適切に設定しておく。

うまく実行できるとホームディレクトリ以下の`.ssh`ディレクトリに`id_rsa.pub`ファイルができる。その中身を，リモートマシンのホームディレクトリ以下の`.ssh`ディレクトリにある`authorized_keys`というファイルに書き込む。そのファイルがなければ，新たに作成する。すでにそのファイルがあれば，追記することになる（1行1エントリ）。その際気をつけるのが，そのファイルは自分しかみえないようにファイルの権限（permission）を`chmod`で変更することである。

```
# リモートマシンでの作業。自分しか見えないようにファイル権限を変更
% chmod 600 ~/.ssh/authorized_keys
```

このように設定しておくと，リモートマシンにログインできるようになるほか，`scp`によるデータのコピーもネットワーク越しに行えるようになる。例えば，手もとのマシンのカレントディレクトリにある`hoge.txt.gz`というファイルを，IPアドレスが`192.168.168.2`のbonohuユーザーのホームディレクトリにコピーする場合は以下のようなコマンドを使う。

 何て呼んだらいいの
scp
「エスシーピー」または
「エス コピー」

```
# hoge.txt.gzをIPアドレス192.168.168.2のマシンのユーザーbonohuのホームディレクトリにコピー
% scp hoge.txt.gz bonohu@192.168.168.2:
```

最後に：（コロン）をつけることを忘れないようにする。これまでLANの中での`ssh`や`scp`の例を示してきたが，図2.7にも示したとおり，インターネットを介してLANの外のマシンに対してもそれらの操作は可能である。ただセキュリティ上の理由で，それらのサーバーにあるウェブサイトが閲覧できたとしても，`ssh`によるアクセスは禁止されていることもある。

 Dr. Bono から
アクセスが禁止されていることを，「ポートが閉じられている」といういい方もする。

また，ファイルツリーの構造を保ったまま複数のファイルを転送したい場合は，以下に紹介する`rsync`を使うとよい。

▍rsync

`rsync`とは，サーバ間でファイル，ディレクトリを同期させるコマンドである。その対象はLANの中，インターネット越しのどちらでもできる。`rsync`も`ssh`同様，macOSやLinux（WSL2）に最初からインストールされているコマンドのため，インストールしなくても利用できる。例えば，カ

 何て呼んだらいいの
rsync
「アール シンク」

レントディレクトリにある `DrBonoDojo` ディレクトリにあるファイルを丸ごと，`192.168.168.2` のホームディレクトリ以下にある `Documents` ディレクトリの下にコピーする場合，以下のようにする。

```
# LAN上にあるIPアドレス192.168.168.2のマシンのDocumentsディレクトリ以下にデータ同期
% rsync -avz DrBonoDojo 192.168.168.2:Documents
```

ここで `-a` オプションはアーカイブモードという意味のオプションで，`-v` は実際の動作内容を表示するオプション，`-z` は転送中のデータを圧縮するオプションである。これによって `192.168.168.2` の `Documents` ディレクトリ以下に `DrBonoDojo` というディレクトリが作成され，そこに送信元にあったファイルがそっくりコピーされる。

この `DrBonoDojo` というディレクトリを作成することなく，このディレクトリの中身だけ転送したい場合には，以下のコマンドを実行する。

```
# LAN上にあるIPアドレス192.168.168.2のマシンのDocumentsディレクトリ以下にDrBonoDojo
ディレクトリを作成せずデータ同期
% rsync -avz DrBonoDojo/ 192.168.168.2:Documents
```

`DrBonoDojo` だったところが `DrBonoDojo/` に変わっており，こうすることでディレクトリを新たに作ることなくデータ転送が行える。

実はこの `rsync` は，ネットワーク経由だけではなく，単体のマシン内の別のボリュームへのファイルコピーでも使うことができる。USB 接続の `USBHDD01` という名前のドライブ（ハードディスク）にカレントディレクトリの `DrBonoDojo` というディレクトリの中身をコピーするには以下のようにする。

```
# USB接続のドライブ（USBHDD01）にデータ同期
% rsync -av DrBonoDojo /Volumes/USBHDD01
```

`rsync` によるファイル転送は，初回は他のコマンド（`cp` など）と大差ない。しかし，2 回目以降にこの `rsync` のご利益がある。それは，`rsync` は 2 回目以降はまったく同じファイルかどうか（ファイルのタイムスタンプが変わっ

ているかどうか）を検知して，まったく同じであれば転送はスキップしてくれるのだ。そうすることでファイルの転送は，ネットワーク経由でもローカルのディスクであっても劇的にスピードアップする。

　上記のオプションだと，転送元で消去してしまったファイルも転送先には残る設定となっている。それらのファイルのサイズが小さいうちはバックアップとなってよいのであるが，NGSデータなど大きなファイルサイズのものだとディスクの「肥やし」となってしまう。そこで，転送元にないファイルを転送先から削除するという **--delete** オプションを使う手がある。

```
# 転送元にないファイルは削除してデータ同期
% rsync -av --delete DrBonoDojo /Volumes/USBHDD01
```

　こうすることで，手もとのマシンの **DrBonoDojo** ディレクトリにはないが，**USBHDD01** ボリュームの **DrBonoDojo** ディレクトリには存在していたファイル群が **rsync** 実行時に消去されることになる。ただ，ファイルの消去を伴う操作のため，使用する際には慎重に実行することをおすすめする。

　詳細な動作内容を出力するには **-v** オプションを，**-vv** や **-vvv** とvの数を増やして指定すればよい。vの数が多くなるほど，より詳細な出力が得られる。

 **Dr. Bono から**
Dr. Bonoは普段はv 2つの **-vv** を使うようにしている。

```
# より詳細
% rsync -avv --delete DrBonoDojo /Volumes/USBHDD01
# もっと詳細
% rsync -avvv --delete DrBonoDojo /Volumes/USBHDD01
```

▍byobu

　tmuxやscreenは仮想端末管理ソフトウェアで，ターミナルをさらに便利に使うためのプログラムである。**byobu** とは，tmuxやscreenを便利に使うためのコマンド（ラッパーコマンド）である。取っつきにくいかもしれないが，処理時間が長くかかる生命科学データ解析にとって，とても有用なツールなので紹介する。

 **何て呼んだらいいの**
tmux
「ティー マックス」
screen
「スクリーン」
byobu
「ビョウブ」

byobuのインストールとそのトラブルシューティング

byobu は Anaconda を使って簡単に導入可能である＊。

Ubuntu（WSL2）ではbyobuは最初からインストールされており，追加でcondaでインストールする必要はない。

```
# byobuインストール
% conda install byobu
# 実行
% byobu
dyld: Library not loaded: @rpath/libtinfo.6.dylib
  Referenced from: /Users/bono/miniconda3/bin/tmux
  Reason: image not found
Abort trap: 6
```

しかしながら，Dr. Bono の環境では以上のようなエラーが出た。これはエラーメッセージにある通り，byobu を実行するために必要な library ＊がリンクできなかったというエラーで，よく遭遇するものである。エラーメッセージをインターネット検索するとその対処法が出てくるであろう。macOS のアップデートによって library の名前が変わってしまったため，libtinfo.6.dylib という名前のファイルがみつからなかったということである。Anaconda によってインストールされる library は，Anaconda をインストールしたディレクトリ（Dr. Bono の場合，/Users/bono/miniconda3）の中の lib ディレクトリにある。そこに移動して調べてみると，

libraryとは，あるプログラムを実行するときに必要なプログラム群のことだが，単独でプログラムとして実行されることはないもののこと。

```
# ディレクトリ移動
% cd /Users/bono/miniconda3/lib
# libtinfoで始まるファイル名を持つものをリスト
% ls -l libtinfo*
lrwxr-xr-x 1 bono staff      11  2 27 16:33 libtinfo.a -> libtinfow.a
lrwxr-xr-x 1 bono staff      17  2 27 16:33 libtinfo.dylib -> libtinfow.6.dylib
-rwxr-xr-x 1 bono staff 196704  2 27 16:33 libtinfow.6.dylib
-rw-r--r-- 1 bono staff 295144  2 27 16:33 libtinfow.a
lrwxr-xr-x 1 bono staff      17  2 27 16:33 libtinfow.dylib -> libtinfow.6.dylib
```

確かに libtinfo.6.dylib がない。その代わりに libtinfo.dylib というファイルがある。そして，それは libtinfow.6.dylib というファイルへのシンボリックリンクである。シンボリックリンクとは，macOS のエイリアスと同じもので，ファイルに別名をつけることである（エイリアスはファ

イルのコピーとは別もので，ファイルの実体はコピーせず，ファイルの別名をつけるだけであることに注意）。すなわち，`libtinfo.dylib`は`libtinfow.6.dylib`の別名となっているということである。ということは，`libtinfo.6.dylib`という別名も作ってやればよいだろうと推測できる。

そこで，実際に`libtinfow.6.dylib`に対して`libtinfo.6.dylib`という名前で別名，すなわちシンボリックリンクを張る。

```
# シンボリックリンク作成
% ln -s libtinfow.6.dylib libtinfo.6.dylib
```

そして，もう1度，

```
% byobu
```

として実行すると，ちゃんと起動した。ファイルの名前を変更することで解決できた。

このような不具合は，おそらくはAnacondaのパッケージやmacOSのアップデートでじきに修正されるであろう。しかしながら，今そのプログラムを使いたい場合など，自分で解決しないといけない場合もたまに遭遇する。エラーメッセージを読んで理解できない場合（ほとんどの場合はそうだが），そのメッセージのキーワードなどでインターネット検索してみよう。その場合，英語のほうが情報は多いので，英語を厭わず情報検索する必要があろう。それでもダメな場合には，周りにいる達人に相談してみよう。周りにいない場合にはX（旧Twitter）などできいてみよう。

Dr. Bono から
本書のX（旧Twitter）ハッシュタグは#drbonodojoである。

byobuの初期設定

`byobu`を実行すると，画面が切り替わり，以下のようなメッセージが表示される（図2.8）。

ここでControlキーを押しながらaキーを押す（Ctrl-a）と，このキーの組み合わせを押した際の設定＊に関する設定アシスタントが起動する（図2.9）。

キーに設定を割りあてることを，キーバインドという。

図2.8 byobuを起動した画面 最初の起動の場合，このようなメッセージが出る。2回目以降は出ない。

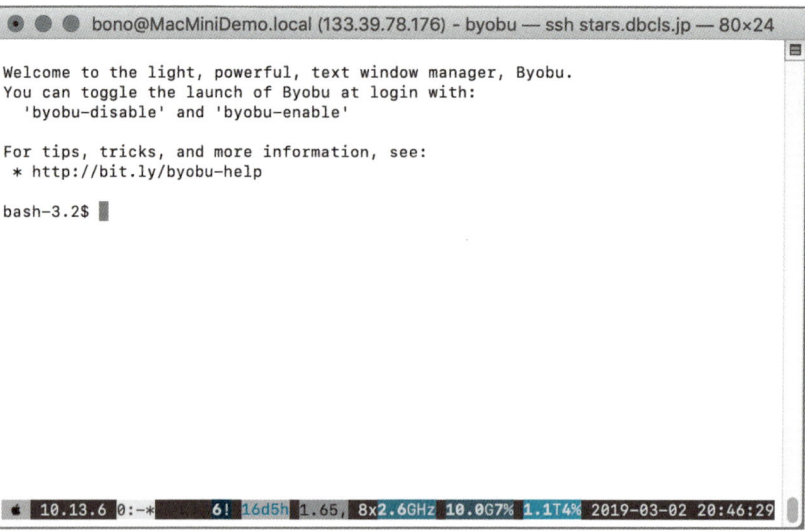

図2.9 Ctrl-aを押すと，このキーバインドについて設定アシスタントが起動する

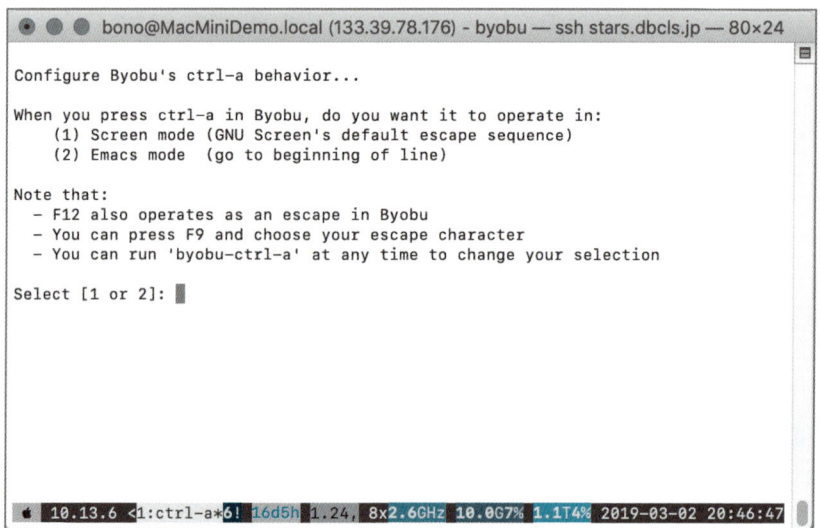

　1か2か，選ぶ必要がある。Ctrl-aはコマンドラインで入力している際に先頭へカーソルを移動させる便利なキーであるため，2を選んで，Ctrl-aでカーソル移動を生かす。

byobuの使いこなし

　上のメッセージにもある通り，F12がエスケープ文字という，byobuを使う上で大事な，コマンドを出すためのキーとして使われる。F12はキーボー

ドの上部にある,「ファンクションキー」と呼ばれるものである。ファンクションキーは Mac のデフォルトでは Finder を便利に使うためのショートカットが割り当てられているので要注意。例えば MacBook Pro では F12 のキーを単独で押すと,音が大きくなるというショートカットに用いられており,F12 として機能させるにはキーボード左下の fn キーを押しながら F12 キーを押す必要がある。

　(fn キーを押しながら) F12 キーを押してすぐ後に c キーを押す(F12 ＋ c と略記)と新たなウィンドウが開かれる。すなわち,新たなシェルが起動する (new-window)(図 2.10)。

　そして,元のウィンドウに戻るには,F12 ＋ p で戻ることができる。さらにそこから新たに開いたウィンドウへは F12 ＋ n で移動できる。このように次々とウィンドウを増やして,作業スペースを増やすことができ,またそれらの間の切り替えは F12 ＋ p や F12 ＋ n で可能である。

　下部の情報バーにはそのほかに macOS のバージョン(10.13.6)や,現在の load average(この例では 2.55), CPU の数やクロック数(8 × 2.6 GHz) などの情報がまとめられており,大変有用である。

　ノート型の MacBook Pro など F12 が利用しづらい場合,F12 以外のキー

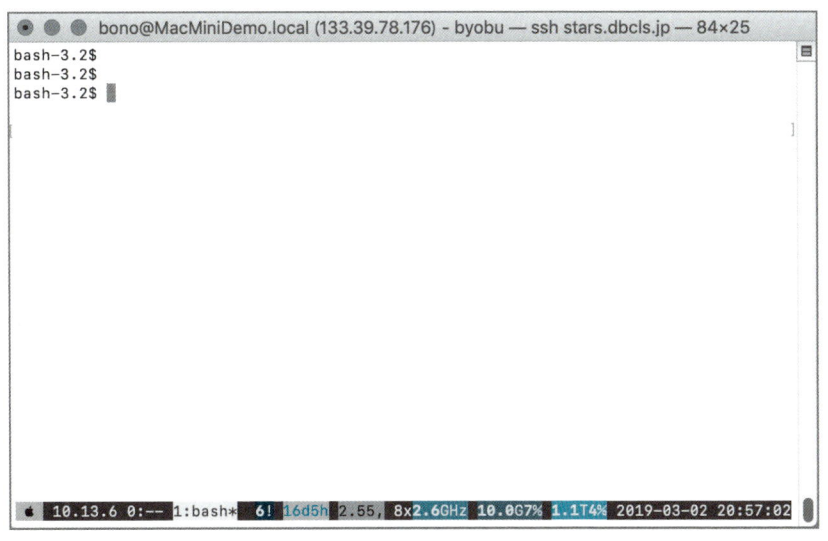

図2.10　F12を押してすぐにcを押すと新たなウィンドウ(シェル)が起動する　下部の情報バーに,**0:**のほか,新たに**1:bash**が追加されているのが確認できる。

バインドをエスケープ文字とするのがよい．上のメッセージにもある通り，F9 を押すと，図 2.11，図 2.12 のような画面が現れ，エスケープ文字を選ぶことができる．

ちなみに Dr. Bono は Ctrl-a ではなく，Ctrl-z をエスケープ文字として使っている．**screen** を使っていた頃からかれこれ 20 年あまり利用している．

巨大な配列データベースや SRA のデータ取得など，時間のかかるファイルのダウンロードや実行時間が長いプロセスの監視に大変重宝する．

その恩恵にあずかるには，**byobu** を起動してから開かれたシェルでそういったプロセスを実行開始する．そのままログアウトしても **byobu** を先に実行しておいてから，その中で実行したプロセスは終了せず，実行され続ける．

別端末から実行しているマシンに ssh でログインして，**byobu** を再度実行するとセッションが復元し，実行していた処理の続きをすることができる．

ネットワークが細い（速度が遅く不安定な）環境からサーバーにアクセスして作業する際に特に有用である．というのは，仮にネットワーク接続が切断されてしまったとしても，作業していたプロセスは死なずに残るからである．再度接続して **byobu** を実行すれば，処理をすぐに再開することができるのである！

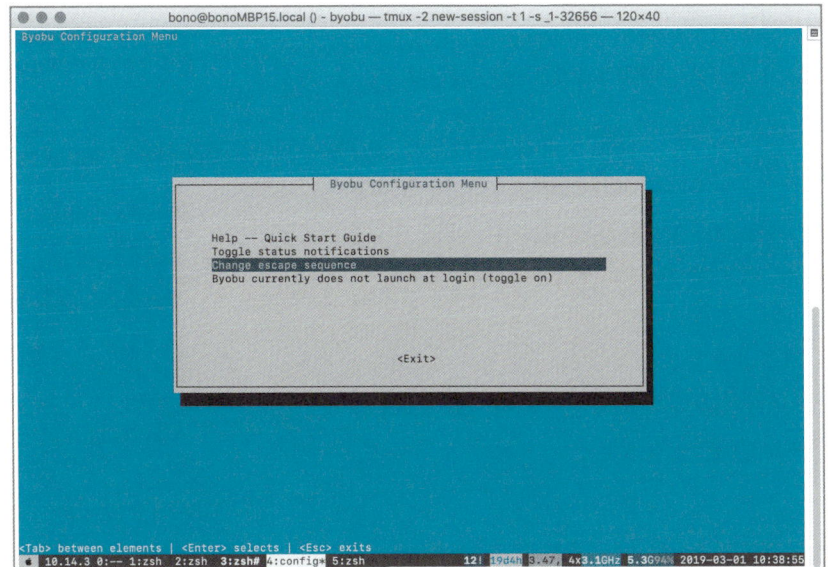

図2.11　F9を押すと出てくる設定画面　エスケープ文字を設定できる。選択にはマウスではなく矢印キーを用いる。また，決定にはENTERキーを用いる。

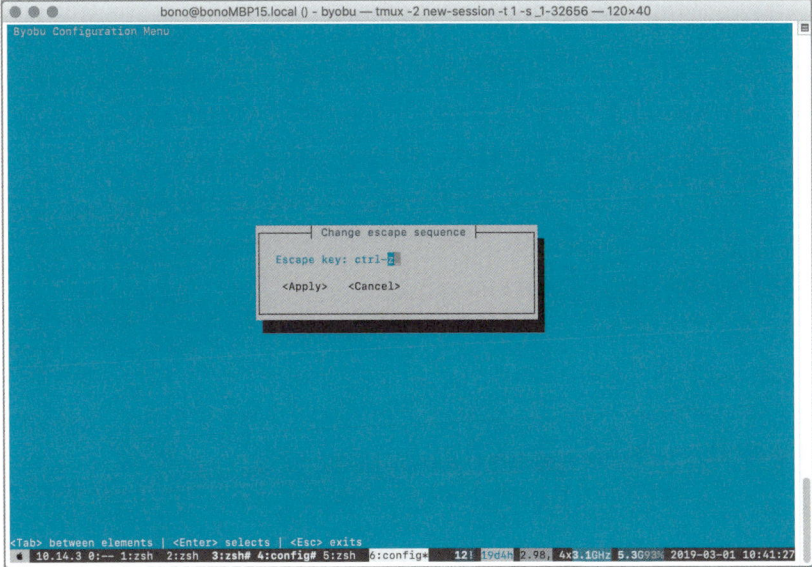

図2.12　エスケープ文字の設定画面　設定したら，下部のApplyにカーソルを移動して（tabキーを押すと移動できる），設定を反映する。

2.5　公共データベースからのデータ取得

　当たり前のことだが，手もとにデータがないとデータ解析はできない。もちろん，最初からデータが渡されていて手もとにある，ということもあるかもしれない。しかしながら多くの場合，手もとにデータはなく，どこからか取得してくる必要がある。

　生命科学分野においては，公共データベース（DB）が整備されており，データの取得元として大変重宝する。第 3 章で説明する解析に必要不可欠な公共 DB からのデータ取得方法について，本節で説明する。

■ コマンドラインでのデータ取得

　データのダウンロードは，もちろんウェブブラウザ上のリンクをクリックしてデータ取得する方法でもよい。macOS でウェブブラウザに Safari を使っている場合には，ファイル圧縮されたデータをダウンロードすると気をきかせてファイルの展開も同時に実行される。圧縮ファイルは圧縮したまま次の解析に使うことが多い生命科学データ解析ではありがた迷惑で，ダウンロードしてきたファイルはそのままのほうがいいこともある。そこで，データの置いてあるアドレスがわかっている場合，コマンドラインから取得する方法をここでは紹介する。

　よく使われる生命科学 DB の場合は，その DB 名とアクセッション番号（しばしば，エントリ名ともいう）がわかっていると，コマンドラインから簡単に取得できる。まずはそのやりかたを以下で説明する。

curl や wget によるコマンドラインファイル取得

　まず，データをダウンロードするディレクトリに移動する。そのディレクトリがなければ作成する。そのためのコマンドは以下のとおりである＊。

　% からはじまる行が実際に打ちこむべきコマンドである。ただし，% 記号は打ちこむ必要はない。また，# からはじまる行はコメント行で，以下の行のコマンドで何をやっているかを説明するものであり，その行は打ちこむ必

＊ Linux（WSL2）の場合，以下の 'Downloads' ディレクトリもないので，まず
`% mkdir Downloads`
で 'Downloads' ディレクトリを作成する必要がある。

要はない。

```
# ホームディレクトリに移動
% cd
# Downloadsディレクトリに移動
% cd Downloads
# datadojoディレクトリを作成
% mkdir datadojo
# datadojoディレクトリに移動
% cd datadojo
# 今いるディレクトリをフルパスで表示
% pwd
/Users/bono/Downloads/datadojo
```

これで準備は整った。実際のファイル取得のコマンドの実行へと移ろう。例えば，論文中に使ったデータセットが ftp://ftp.ncbi.nlm.nih.gov/genomes/all/GCF/000/002/195/GCF_000002195.4_Amel_4.5/GCF_000002195.4_Amel_4.5_protein.faa.gz にあると書かれてあったとする。その場合には，以下のコマンドでそれを取得できる*。

必要なデータのURLはこの例のようにしばしば長い。そして，このアドレス中にはスペースや改行を入れてはならない。

```
# curlのオプション-Oは大文字のO（オー）
% curl -O ftp://ftp.ncbi.nlm.nih.gov/genomes/all/GCF/000/002/195/
GCF_000002195.4_Amel_4.5/GCF_000002195.4_Amel_4.5_protein.faa.gz
```

`curl` の `-O` オプションを使うと，ダウンロードしてきたファイルがダウンロード前と同じファイル名（上の例の場合，`GCF_000002195.4_Amel_4.5_protein.faa.gz`）で現在いるディレクトリに保存される。そのため，このオプションは，よく使われている。

何て呼んだらいいの
curl
「シーユーアールエル」または「カール」

ただ，最近よくあるのはそのページにアクセスするとデータのありかが別に書いてあったりするケースである。例えば，以下の Uniform Resource Locator（URL）などがそれである。

https://figshare.com/articles/Supplemental_data/6964550

この URL にアクセスするとある論文の複数の Supplemental data へのリンクがリストされており，この URL で `curl` を実行してもデータは取得できない。すなわち，この場合は上記のデータ取得方法ではダメで，まずこの

URLのウェブページにアクセスしたのちにデータ実体のURLを探し出す必要がある。データをダウンロードするには，それを **curl** で直接指定して実行しなければならない。

```
# 直接指定したURLでファイルをダウンロード
% curl https://ndownloader.figshare.com/articles/6964550/versions/3 > 6964550.zip
# zipファイルをunzipコマンドで展開
% unzip 6964550.zip
# どのようなファイルができたかをlsで確認
% ls
Supplemental_data_1.gff3.gz        Supplemental_data_4.tsv.gz
Supplemental_data_2.fa.gz          Supplemental_data_5.tsv.gz
Supplemental_data_3_aa.fa.gz       Supplemental_data_6.xlsx
```

> **何て呼んだらいいの**
> **wget**
> 「ダブリューゲット」

また，**curl** 以外にも同様のことができる **wget** というコマンドがある。しかしながら，**wget** はデフォルトでは macOS にインストールされていない。以下のように Anaconda（**conda** コマンド）を使ってインストールする必要がある。

```
# Anacondaを使ってwgetをインストール
% conda install wget
```

インストールされたら以下のコマンドで前述の **curl** 同様のデータダウンロードができる。

```
# 同じファイルをwgetで取得
% wget ftp://ftp.ncbi.nlm.nih.gov/genomes/all/GCF/000/002/195/GCF_000002195.4_Amel_4.5/GCF_000002195.4_Amel_4.5_protein.faa.gz
```

また，**wget** では **-r** オプションを使って，あるディレクトリ以下のすべてのダウンロードを行う，再帰的（recursive）な取得が可能である。

```
# 指定したディレクトリ以下にあるファイルを再帰的に取得
% wget -r ftp://ftp.ncbi.nlm.nih.gov/genomes/all/GCF/000/002/195/GCF_000002195.4_Amel_4.5/
```

コラム　URLのさまざまなスキーム名とHTTPS問題

URLの先頭には`http:`のように必ず資源の取得方法を記述するように決まっており，これを**スキーム名**と呼ぶ。本節の例では`http:`〔HTTP (Hypertext Transfer Protocol) のためのスキーム〕以外に`ftp:`〔FTP (File Transfer Protocol) のためのスキーム〕を紹介した。`https:`も紹介したが，これはHTTPS (Hypertext Transfer Protocol Secure) と呼ばれるもので，HTTPによる通信をより安全に(セキュアに)行うためのプロトコルおよびURLスキーム名である。近年，セキュリティが問題となる中，多くのウェブサイトがHTTPS化している。書物などに書かれている`http:`ではじまるURLにアクセスできなかった場合には，URLの先頭を`https:`に変更してアクセスしてみるとよいだろう。ただ，まだHTTPS対応ができていないサイトも多いので，データを取得する際にはURLに注意する必要がある。

この例では，前述の例のファイルではなく，そのファイルが含まれる親ディレクトリを指定することで，そのファイルと同じディレクトリに含まれるファイルすべてを取得することが可能である。このオプションを使う際には大量のデータ転送が発生する可能性があるので，注意が必要である。

これだけでは特に便利に思わないかもしれない。しかし，このような処理が数十から数百もあった場合はどうだろうか。それについては次項で説明する。

▍TOGOWSによる個別の塩基配列取得

TOGOWS (http://togows.org/) を使うと，個別の塩基配列やアミノ酸配列をコマンドラインから取得できる。

```
# TOGOWSを使ってDDBJのLC170036というエントリを取得
% curl -O http://togows.org/entry/ddbj-ddbj/LC170036
```

> **? 何て呼んだらいいの**
> TOGOWS
> 「トーゴーダブリューエス」

実行すると，カレントディレクトリに`LC170036`というファイルができる。取得したファイルの中身を確認しよう。

```
# 取得したファイルを見る
% less LC170036
LOCUS       LC170036                1302 bp    mRNA    linear
INV 17-JAN-2017
DEFINITION  Bombyx mori eno1 mRNA for enolase, complete cds.
ACCESSION   LC170036
VERSION     LC170036.1
KEYWORDS    .
（以下略）
```

◀◀ DDBJ形式については，『Dr. Bonoの生命科学データ解析第2版』のp.102「DDBJ (GenBank)形式」を参照．

DDBJ データベース中の LC170036 というエントリに関するデータが取得できていることが確認できるだろう．このように，デフォルトでは，オリジナルの形式（DDBJ 形式）がダウンロードされる．なお，`less` の閲覧モードからもとのシェルに戻るには q キーを押せばよい．

◀◀ FASTA形式については，『Dr. Bonoの生命科学データ解析第2版』のp.98「FASTA形式」を参照．

また，BLAST 検索用に FASTA 形式のファイルがほしい場合には，この DDBJ 形式のファイルを自分で加工するよりは，取得形式を FASTA と指定して，再度取得し直すことをおすすめする．そのためには，URL の最後に `.fasta` を付加する．

```
# .fastaを付与して取得すると
% curl -O http://togows.org/entry/ddbj-ddbj/LC170036.fasta
# FASTA形式のファイルが得られる
% less LC170036.fasta
>LC170036|LC170036.1 Bombyx mori eno1 mRNA for enolase, complete cds.
atggtaataaaatcaatcaaggctcgtcaaatctttgactctcgtggcaaccctacagtg
gaagttgatctggtaacagagcttggcttgttccgggcagctgtaccctctggtgcctcc
actggtgttcatgaagctcttgaactgagagataacatcaagagtgaatatcatggcaag
ggagttttgaccgcaatcaaaaatatcaatgaactcattgctcctgaacttaccaaagcc
aaccttgaagtaacccaacagagagagattgatgaactcatgcttaagttggatggcact
（以下略）
```

これを実行すると，`LC170036.fasta` というファイル名で，このエントリの塩基配列が FASTA 形式で得られる．

そして，アミノ酸配列を得たい場合には，DB を変更して取得する．例えば，UniProt のエントリを取得する場合には，上記の例で `ddbj-ddbj` のところを `ebi-uniprot` に変更する．

```
# TOGOWS経由でUniProtのアミノ酸配列を取得
% curl -O http://togows.org/entry/ebi-uniprot/HIF1_CAEEL.fasta
# 中身を確認
% less HIF1_CAEEL.fasta
>sp|G5EGD2|HIF1_CAEEL Hypoxia-inducible factor 1 OS=Caenorhabditis elegans
OX=6239 GN=hif-1 PE=1 SV=1
MEDNRKRNMERRRETSRHAARDRRSKESDIFDDLKMCVPIVEEGTVTHLDRIALLRVAAT
ICRLRKTAGNVLENNLDNEITNEVWTEDTIAECLDGFVMIVDSDSSILYVTESVAMYLGL
TQTDLTGRALRDFLHPSDYDEFDKQSKMLHKPRGEDTDTTGINMVLRMKTVISPRGRCLN
LKSALYKSVSFLVHSKVSTGGHVSFMQGITIPAGQGTTNANASAMTKYTESPMGAFTTRH
TCDMRITFVSDKFNYILKSELKTLMGTSFYELVHPADMMIVSKSMKELFAKGHIRTPYYR
（以下略）
```

このような単一のエントリの取得では，コマンドライン処理によるご利益はそれほど感じられないかもしれない．しかし，これが複数ある場合はどうだろうか．一回ずつ，ウェブブラウザでの作業を繰り返すよりは，このコマンドライン操作を繰り返したほうが得策と考えるであろう．そのやり方は以下のとおりである．

繰り返し処理によるデータ取得（通し番号編）

DDBJニュース「ハマウツボ科（*Orobanchaceae*）の5種の寄生植物の配列データ公開」（https://www.ddbj.nig.ac.jp/news/ja/2018-12-06_2.html）に記載されている配列データを取得することを例に説明しよう．この記事には，

Aeginetia indica
regions gained by horizontal gene transfer
　LC437098-LC437155 (58 entries)

とある．この58エントリを1つずつ手作業でとってくるのはやればできるかもしれないが，以下のようにすると一網打尽である．

```
# 437098～437155までを順に出力して，エントリ名を組み立てて順に取得，seq.fastaというファイルに追加保存
# 1行目のクオートはシングルクオートでなく，バッククオートであることに注意！
% for i in `seq 437098 437155`;
do
 echo "getting LC$i"
 curl http://togows.org/entry/ddbj-ddbj/LC$i.fasta >> seq.fasta
 sleep 1
done
# 中身を確認
% less seq.fasta
>LC437098|LC437098.1 Aeginetia indica gene for AiHT02-1, complete sequence.
tgaaaattggccaggaatttcgcgcaagagagatgaaaattgggaggaagagatgacgga
aagatttacttgattttggccacgaaatagaaatagccagcaatgttctccataagctat
ggttgggtagcgagtttaccgcaataagtgactagttattttggacgagtggatagataa
cctcttggagatatattcttgttaaaaaaatctatattttagctaaaaagtaaatttac
（以下略）
```

GitHub ファイル取得

このファイル **for-seq-togows.sh** は，DrBonoDojo2 GitHub の 3-1 ディレクトリに置いてある。
https://github.com/bonohu/DrBonoDojo2/blob/master/2-5/for-seq-togows.sh

ここでは **seq** というコマンドと **for..do;...done** による繰り返し処理がキーとなっていて，1回ずつ取得する手間が省けている。ここで注意したいのは，一番最初の行のクオートはシングルクオート ' ではなく，バッククオート ` ということである。また，**>>** は追加書き込みをするというリダイレクトである。普通のリダイレクト **>** では，ファイルに書き込む前に前にあった中身が消されてしまう（上書き）。今回の例では，1つずつファイルを取得してきて，それを1つのファイル（**seq.fasta**）に書き込んでいくことを想定しているので，この追加書き込みでないといけない。もし仮に普通のリダイレクトにしてしまった場合，最後に取得してきたエントリだけが **seq.fasta** に書き込まれる結果になる。

繰り返し処理によるデータ取得（リスト編）

また，各エントリのアクセッション番号が1つのファイルに書かれている場合はどうだろう。例えば，以下の内容の **entries.txt** というファイル

```
# https://github.com/bonohu/DrBonoDojo2/blob/master/2-5/entries.txt
# ファイルの中身を表示
% cat entries.txt
NM_001043619.1
NM_001043834.1
NM_001043893.2
LC229590
LC229591
LC229592
LC229593
```

には，改行区切りでアクセッション番号が複数書いてある．これらのすべての塩基配列を取得してくる例を示す．

```
# 区切り文字を改行に設定
% IFS=$'\n'
# 1行ずつ処理して配列取得，「エントリ名.fasta」でファイルに保存
# 1行目のクオートはシングルクオートではなく，バッククオートであることに注意！
% for entry in `cat entries.txt`
do
 curl -O http://togows.org/entry/ddbj-ddbj/$entry.fasta
done
```

> **GitHub ファイル取得**
> このファイル for-cat-togows.sh は，DrBonoDojo2 GitHubの3-1ディレクトリに置いてある．
> https://github.com/bonohu/DrBonoDojo2/blob/master/2-5/for-cat-togows.sh

終わってから取得状況をみると，いくつかのエントリのファイルが 0 byte（空っぽ）になっているのがわかるだろう．

```
% ls -l
-rw-r--r-- 1 bono staff  0  2  3 16:10  NM_001043619.1.fasta
-rw-r--r-- 1 bono staff  0  2  3 16:10  NM_001043834.1.fasta
-rw-r--r-- 1 bono staff  0  2  3 16:10  NM_001043893.2.fasta
```

これは，NM からはじまる ID は RefSeq の ID であり，RefSeq は DDBJ や GenBank とは別に NCBI が作成しているリファレンスの配列データベースであるため，取得できていないのである．その NM のエントリだけ別ファイルにして **entriesNM.txt** として，以下のように対象 DB 名を変更して別途実行する必要がある．

```
# 区切り文字を改行に設定
% IFS=$'\n'
# ファイル名，データベース名を変更して再実行
% for entry in `cat entriesNM.txt`
do
 curl -O http://togows.org/entry/ncbi-nucleotide/$entry.fasta
done
```

GitHub ファイル取得

このファイル **for-cat-togows-NM.sh** は，DrBono Dojo2 GitHubの2-5ディレクトリに置いてある。
https://github.com/bonohu/DrBonoDojo2/blob/master/2-5/for-cat-togows-NM.sh

Dr. Bono から

常にエラーを確認しないといけない。また，生命科学系のDBに関する知識もある程度は持ち合わせていなければならない。そういった知識はトライアンドエラーで習得していくしかない。

このようにDBの種類はまぜてはいけない。一貫性のある操作ができなくなるからである。もちろん，そのDBにしかデータがない場合はしょうがないので，上記のように分けて実行する。

■ DBそのものの取得

個々のエントリの取得もだが，公共DB全体をとってくることもデータ解析の上で必要になってくる。大抵の場合，データ量が大きく，手持ちのストレージの容量がどれぐらいあるかを確認しつつ取得することを心がけてほしい。まずは，データをダウンロードしてくるディレクトリに **cd** を使って移動しておく。

 データの統合については，p.186「3.6 データ統合解析」を参照。

コラム　DBエントリのバージョン

DBのアクセッション番号（エントリ名ともいう）は英数字で構成されているが，本文中の例でも出てきた，
NM_001043893.2
のように.2のような表記が出てくることがある。これはNM_001043893とは何が違うのだろうか？

ここで出てきた.2がついた方は，バージョンつきのアクセッション番号と呼ばれる。一度登録されたデータがアップデートされて，NM_001043893.1であったのが，NM_001043893.2になったのだ。

それに対して，.2がついていない方が普段よくみるアクセッション番号で，普段はおもにこちらが論文などに記載され，流布している。普通はバージョンなしの番号が使われるのであるが，このようにバージョンつきのものもあるため，データを統合する際には気をつける必要がある。

2.5 公共データベースからのデータ取得

```
# cdでdatadojoディレクトリに移動
% cd ~/Downloads/datadojo/
```

UniProtKB：UniProtKB はもともと SwissProt と呼ばれていた，Curation されたタンパク質配列だけを含むデータセットである。そのデータセットに対応するタンパク質配列は，以下の URL で取得可能である。

```
# UniProtKB全体のFASTA形式ファイルを取得
% curl -O ftp://ftp.uniprot.org/pub/databases/uniprot/current_release/
knowledgebase/complete/uniprot_sprot.fasta.gz
```

> **何て呼んだらいいの**
> **UniProtKB**
> 「ユニプロットケービー」
> **SwissProt**
> 「スイスプロット」

執筆時点で，データサイズは約 87.2 M byte あるため，ダウンロードには少々時間がかかる。

Ensembl human genome の塩基配列を FASTA 形式でファイル取得：特に需要が多いであろう，リファレンスヒトゲノム配列を取得してくる例を以下に示す。

```
# ヒトゲノムアセンブリ（GRCh38）のFASTA形式ファイルを取得
% curl -O ftp://ftp.ensembl.org/pub/current_fasta/homo_sapiens/dna/
Homo_sapiens.GRCh38.dna.toplevel.fa.gz
```

ヒトゲノムは約 30 億塩基長あり，1 塩基を 1 byte で表現すると約 3 G byte となるが，gzip 圧縮すると約 1 G byte となる。その圧縮されたファイルが FTP サイトに置かれている。そのため，ファイルを展開するとさらに大きくなるので，ディスクの残り容量に要注意。また，圧縮されていてもダウンロードには少々時間がかかるので，気長に待とう。

> **何て呼んだらいいの**
> **lftp**
> 「エルエフティーピー」

lftpによる再帰的なバッチスクリプトを用いた取得

データセット（あるいは DB）をローカルに取得することは，コマンドラインで解析する上で必要不可欠である。`curl` や `wget` に加えて，FTP によるデータ取得でよく使われるツールが `lftp` である。lftp は Anaconda でインストールできる＊。

>
> Apple silicon Mac では現状condaではインストールできないが，他のツール同様に Homebrew を使えばインストールできる。
> ```
> % brew install lftp
> ```

```
# Anacondaでlftpをインストール
% conda install lftp
# lftpと入力してENTERキーを押し，プロンプトが出たらインストール成功
# exitと入力するとシェルに復帰できる
% lftp
lftp :~>
```

`lftp` を使って，Ensembl にある生物のアミノ酸配列データを丸ごと全部取得する例を紹介する。

まずは，取得すべきファイルのリストを取得する。以下の内容を `get_ensembl_list.sh` として保存する。

GitHub ファイル取得

このファイル `get_ensembl_list.sh` は，DrBonoDojo2 GitHubの2-5ディレクトリに置いてある。
https://github.com/bonohu/DrBonoDojo2/blob/master/2-5/get_ensembl_list.sh

get_ensembl_list.sh

```
#!/bin/sh
# script to list of files in FTP site
lftp <<-END
 open ftp.ensembl.org/pub/current_fasta
 find
END
```

そして，`get_ensembl_list.sh` を実行する。Ensembl で公開している FASTA 形式のファイルすべてのリストを取得するため，時間がかかる。しばらく待とう。

```
# シェルスクリプトを実行し，結果をファイルに保存する。
% sh get_ensembl_list.sh > ensembl_list.txt
```

取得した結果は ftp://ftp.ensembl.org/pub/current_fasta/ 以下にあるファイルリストである。

```
# 得られたファイルリストを確認
% less ensembl_list.txt
./
./acanthochromis_polyacanthus/
./acanthochromis_polyacanthus/cdna/
./acanthochromis_polyacanthus/cdna/Acanthochromis_polyacanthus.ASM210954v1.cdna.abinitio.fa.gz
./acanthochromis_polyacanthus/cdna/Acanthochromis_polyacanthus.ASM210954v1.cdna.all.fa.gz
./acanthochromis_polyacanthus/cdna/CHECKSUMS
./acanthochromis_polyacanthus/cdna/README
./acanthochromis_polyacanthus/cds/
./acanthochromis_polyacanthus/cds/Acanthochromis_polyacanthus.ASM210954v1.cds.all.fa.gz
./acanthochromis_polyacanthus/cds/CHECKSUMS
./acanthochromis_polyacanthus/cds/README
./acanthochromis_polyacanthus/dna/
./acanthochromis_polyacanthus/dna/Acanthochromis_polyacanthus.ASM210954v1.dna.nonchromosomal.fa.gz
./acanthochromis_polyacanthus/dna/Acanthochromis_polyacanthus.ASM210954v1.dna.toplevel.fa.gz
./acanthochromis_polyacanthus/dna/Acanthochromis_polyacanthus.ASM210954v1.dna_rm.nonchromosomal.fa.gz
./acanthochromis_polyacanthus/dna/Acanthochromis_polyacanthus.ASM210954v1.dna_rm.toplevel.fa.gz
./acanthochromis_polyacanthus/dna/Acanthochromis_polyacanthus.ASM210954v1.dna_sm.nonchromosomal.fa.gz
./acanthochromis_polyacanthus/dna/Acanthochromis_polyacanthus.ASM210954v1.dna_sm.toplevel.fa.gz
./acanthochromis_polyacanthus/dna/CHECKSUMS
./acanthochromis_polyacanthus/dna/README
./acanthochromis_polyacanthus/dna_index/
./acanthochromis_polyacanthus/dna_index/Acanthochromis_polyacanthus.ASM210954v1.dna.toplevel.fa.gz
./acanthochromis_polyacanthus/dna_index/Acanthochromis_polyacanthus.ASM210954v1.dna.toplevel.fa.gz.fai
./acanthochromis_polyacanthus/dna_index/Acanthochromis_polyacanthus.ASM210954v1.dna.toplevel.fa.gz.gzi
./acanthochromis_polyacanthus/dna_index/CHECKSUMS
./acanthochromis_polyacanthus/ncrna/
./acanthochromis_polyacanthus/ncrna/Acanthochromis_polyacanthus.ASM210954v1.ncrna.fa.gz
./acanthochromis_polyacanthus/ncrna/CHECKSUMS
./acanthochromis_polyacanthus/ncrna/README
./acanthochromis_polyacanthus/pep/
./acanthochromis_polyacanthus/pep/Acanthochromis_polyacanthus.ASM210954v1.pep.abinitio.fa.gz
```

```
./acanthochromis_polyacanthus/pep/Acanthochromis_polyacanthus.ASM210954v1.pep.
all.fa.gz
./acanthochromis_polyacanthus/pep/CHECKSUMS
./acanthochromis_polyacanthus/pep/README
./accipiter_nisus/
./accipiter_nisus/cdna/
（以下略）
```

この中から必要なファイルだけ選別して実際のファイルを取得するわけである。今回は，BLAST検索に使うタンパク質配列のファイルだけを取得することにする。上のファイルリストだと `./acanthochromis_polyacanthus/pep/Acanthochromis_polyacanthus.ASM210954v1.pep.all.fa.gz` がそれに該当する。このタンパク質配列の FASTA ファイルは，ファイル名の末尾が **pep.all.fa.gz** となっているようなので，それをパターンとして **grep** してみる。そうすると，

```
# pep.all.fa.gzを検索キーとして，ensembl_list.txtに対してgrep
% grep pep.all.fa.gz ensembl_list.txt
./acanthochromis_polyacanthus/pep/Acanthochromis_polyacanthus.ASM210954v1.pep.
all.fa.gz
./ailuropoda_melanoleuca/pep/Ailuropoda_melanoleuca.ailMel1.pep.all.fa.gz
./amphilophus_citrinellus/pep/Amphilophus_citrinellus.Midas_v5.pep.all.fa.gz
./amphiprion_ocellaris/pep/Amphiprion_ocellaris.AmpOce1.0.pep.all.fa.gz
./amphiprion_percula/pep/Amphiprion_percula.Nemo_v1.pep.all.fa.gz
./anabas_testudineus/pep/Anabas_testudineus.fAnaTes1.1.pep.all.fa.gz
./anas_platyrhynchos/pep/Anas_platyrhynchos.BGI_duck_1.0.pep.all.fa.gz
./anolis_carolinensis/pep/Anolis_carolinensis.AnoCar2.0.pep.all.fa.gz
./aotus_nancymaae/pep/Aotus_nancymaae.Anan_2.0.pep.all.fa.gz
./astatotilapia_calliptera/pep/Astatotilapia_calliptera.fAstCal1.2.pep.all.
fa.gz
./astyanax_mexicanus/pep/Astyanax_mexicanus.Astyanax_mexicanus-2.0.pep.all.
fa.gz
./bos_taurus/pep/Bos_taurus.ARS-UCD1.2.pep.all.fa.gz
./caenorhabditis_elegans/pep/Caenorhabditis_elegans.WBcel235.pep.all.fa.gz
（以下略）
```

GETはlftpにおいてファイルを取得するコマンド。最終的にできるバッチスクリプトで確認してほしい。

となって，確かにタンパク質配列のファイルだけがこの **grep** でフィルタできるようである。そこで，さらに **awk** を使って，それぞれのファイル名の前に **GET** * という文字とスペースを入れて出力されるようにしてみる。それには，前のコマンドの出力を，次のコマンドの入力に入れる，パイプ | を使う。

```
# awkコマンドを使って，grepした結果の前に'GET 'という文字（スペースを含めて）が出力されるようにする
% grep pep.all.fa.gz ensembl_list.txt | awk '{ print "GET "$1 }' | less
GET ./acanthochromis_polyacanthus/pep/Acanthochromis_polyacanthus.ASM210954v1.
pep.all.fa.gz
GET ./ailuropoda_melanoleuca/pep/Ailuropoda_melanoleuca.ailMel1.pep.all.fa.gz
GET ./amphilophus_citrinellus/pep/Amphilophus_citrinellus.Midas_v5.pep.all.
fa.gz
GET ./amphiprion_ocellaris/pep/Amphiprion_ocellaris.AmpOce1.0.pep.all.fa.gz
GET ./amphiprion_percula/pep/Amphiprion_percula.Nemo_v1.pep.all.fa.gz
GET ./anabas_testudineus/pep/Anabas_testudineus.fAnaTes1.1.pep.all.fa.gz
GET ./anas_platyrhynchos/pep/Anas_platyrhynchos.BGI_duck_1.0.pep.all.fa.gz
GET ./anolis_carolinensis/pep/Anolis_carolinensis.AnoCar2.0.pep.all.fa.gz
GET ./aotus_nancymaae/pep/Aotus_nancymaae.Anan_2.0.pep.all.fa.gz
GET ./astatotilapia_calliptera/pep/Astatotilapia_calliptera.fAstCal1.2.pep.
all.fa.gz
GET ./astyanax_mexicanus/pep/Astyanax_mexicanus.Astyanax_mexicanus-2.0.pep.
all.fa.gz
GET ./bos_taurus/pep/Bos_taurus.ARS-UCD1.2.pep.all.fa.gz
GET ./caenorhabditis_elegans/pep/Caenorhabditis_elegans.WBcel235.pep.all.fa.gz
（以下略）
```

この例のようにパイプは何個もつなぐことができる．`awk` で処理された出力は，`less` の入力となり，長い結果がざっと流れてしまわず，1ページごとみられるようになる．

うまく出力できているようなので，これを `ensembl_pep.txt` というファイルに出力する．

```
# 今度は結果をファイルに保存
% grep pep.all.fa.gz ensembl_list.txt | awk '{ print
"GET "$1 }' > ensembl_pep.txt
```

`ensembl_list-header.txt` というファイル

ensembl_list-header.txt

```
#!/bin/sh
lftp <<-END
 open ftp.ensembl.org/pub/current_fasta
```

GitHub ファイル取得

これらのファイル `ensembl_list-header.txt` と `ensembl_list-footer.txt` は，DrBonoDojo2 GitHubの3-1ディレクトリに置いてある．
https://github.com/bonohu/DrBonoDojo2/blob/master/3-1/

と `ensembl_list-footer.txt`

ensembl_list-footer.txt

```
END
```

という内容のファイルを用意して，これら3つのファイルを連結して実際のファイル取得バッチスクリプトを完成させる。

```
# 3つのファイルを連結
% cat ensembl_list-header.txt ensembl_pep.txt ensembl_list-footer.txt > ensembl_pep.sh
```

できた `ensembl_pep.sh` は以下のようになる。

ensembl_pep.sh

```
#!/bin/sh
lftp <<-END
        open ftp.ensembl.org/pub/current_fasta
GET ./acanthochromis_polyacanthus/pep/Acanthochromis_polyacanthus.ASM210954v1.pep.all.fa.gz
GET ./ailuropoda_melanoleuca/pep/Ailuropoda_melanoleuca.ailMel1.pep.all.fa.gz
GET ./amphilophus_citrinellus/pep/Amphilophus_citrinellus.Midas_v5.pep.all.fa.gz
GET ./amphiprion_ocellaris/pep/Amphiprion_ocellaris.AmpOce1.0.pep.all.fa.gz
GET ./amphiprion_percula/pep/Amphiprion_percula.Nemo_v1.pep.all.fa.gz
GET ./anabas_testudineus/pep/Anabas_testudineus.fAnaTes1.1.pep.all.fa.gz
GET ./anas_platyrhynchos/pep/Anas_platyrhynchos.BGI_duck_1.0.pep.all.fa.gz
GET ./anolis_carolinensis/pep/Anolis_carolinensis.AnoCar2.0.pep.all.fa.gz
GET ./aotus_nancymaae/pep/Aotus_nancymaae.Anan_2.0.pep.all.fa.gz
GET ./astyanax_mexicanus/pep/Astyanax_mexicanus.Astyanax_mexicanus-2.0.pep.all.fa.gz
GET ./astatotilapia_calliptera/pep/Astatotilapia_calliptera.fAstCal1.2.pep.all.fa.gz
GET ./astatotilapia_calliptera/pep/Astatotilapia_calliptera.fAstCal1.2.pep.all.fa.gz
GET ./bos_taurus/pep/Bos_taurus.ARS-UCD1.2.pep.all.fa.gz
```

```
GET ./caenorhabditis_elegans/pep/Caenorhabditis_elegans.WBcel235.pep.all.
fa.gz
（中略）
END
```

これを実行すると，現在いるディレクトリに Ensembl で公開されている生物種のタンパク質配列をすべてとってくることができる．取得には時間がかかり，途中でタイムアウトする可能性も考えられる．そこで，2.4 節で紹介した byobu を起動してから実行したほうがよいだろう．

> **byobu** については，p.63「2.4 ネットワークを介して遠隔のコンピュータを操作する」の「byobu」を参照．

```
# ダウンロードしてくるファイルを入れるディレクトリを作成する
% mkdir ensembl_pep-fa
# そのディレクトリensembl_pep-faに移動
% cd ensembl_pep-fa
# ダウンロードスクリプトは今いるディレクトリの親ディレクトリにあるので，以下のように実行
% sh ../ensembl_pep.sh
# ちゃんとダウンロードされたか，lsで確認
% ls -l
total 1451480
-rw-r--r-- 1 bono staff  9960885 11 24 11:45 Acanthochromis_polyacanthus.ASM210954v1.pep.all.fa.gz
-rw-r--r-- 1 bono staff  7739919 11 24 04:32 Ailuropoda_melanoleuca.ailMel1.pep.all.fa.gz
-rw-r--r-- 1 bono staff  9056720 11 24 21:56 Amphilophus_citrinellus.Midas_v5.pep.all.fa.gz
-rw-r--r-- 1 bono staff  9930216 11 24 14:34 Amphiprion_ocellaris.AmpOce1.0.pep.all.fa.gz
-rw-r--r-- 1 bono staff  9992959 11 23 22:11 Amphiprion_percula.Nemo_v1.pep.all.fa.gz
-rw-r--r-- 1 bono staff 10493864 11 24 21:33 Anabas_testudineus.fAnaTes1.1.pep.all.fa.gz
-rw-r--r-- 1 bono staff  5849349 11 25 01:31 Anas_platyrhynchos.BGI_duck_1.0.pep.all.fa.gz
-rw-r--r-- 1 bono staff  7142225 11 24 13:18 Anolis_carolinensis.AnoCar2.0.pep.all.fa.gz
-rw-r--r-- 1 bono staff  9639757 11 24 20:54 Aotus_nancymaae.Anan_2.0.pep.all.fa.gz
-rw-r--r-- 1 bono staff 11570053 11 25 04:49 Astatotilapia_calliptera.fAstCal1.2.pep.all.fa.gz
```

```
-rw-r--r-- 1 bono staff 11384047 11 24 07:40 Astyanax_mexicanus.Astyanax_
mexicanus-2.0.pep.all.fa.gz
-rw-r--r-- 1 bono staff  9823103 11 25 06:34 Bos_taurus.ARS-UCD1.2.pep.
all.fa.gz
-rw-r--r-- 1 bono staff  6633418 11 24 19:41 Caenorhabditis_elegans.
WBcel235.pep.all.fa.gz
（以下略）
```

　一つ気をつけねばならないのは，この種のダウンロードの際，ファイルだけできているがサイズが 0（要するに空っぽ）のことがある．そこで単に `ls` ではなく，`ls -l` してファイルサイズがそれなりにあるかを確認することを習慣づけるとよいだろう．

　このダウンロードしたファイル群は，第 3 章の BLAST 検索で検索対象 DB として使うので，消したりせぬように．

コラム　MD5とは

　message digest algorithm5の略で、ある長さのデータをもとにして128ビットの値を計算するアリゴリズムで、入力データが同じであれば必ず同じ値になるが、ちょっとでも違うと全く異なる値が得られる。その性質を利用して、データ発信（送信）側とデータ受信側の両方でその値が一致すればきちんとデータが転送できたと確認する手段として利用されている。データが巨大になると途中の通信エラーによってデータが失われる期待値が高くなるため、NGSデータの送受信で頻繁に利用されている。データ送信側では、（そのファイル名）.md5や、md5sum.txtなどのファイル名でMD5値を提供していることが多い。またデータ受信側においては、md5sumコマンドを用いて、以下のようにMD5値を計算することができる。

```
# カレントディレクトリの全てのMD5値を計算
% md5sum *
```

3 実践編

本章では実際のデータ解析手法を通して実践的に，コマンドラインでの操作を解説する．各項目は独立しており，それぞれ別に読むことができる．場合によっては，より詳しい説明は第2章基礎編の関連箇所にあるので，そこに立ち戻って理解を深めてほしい．本章ではさらなる補足説明を加えてある．

多くのコマンドでは，引数なしで実行したり，`-h`, `-help`, `--help` とオプションをつけて実行したりすると，使い方のヘルプが出るようになっている．それを使って紹介したツールをより深く調べて，使いこなすようになってほしい．

3.1 ゲノム配列解析の初歩

生命科学データ解析において，共通して必要とされる解析手法として，手持ちの断片配列（リードと呼ぶ）をゲノム配列に対してマッピングすることがあげられる（図3.1）．

- ゲノム配列解読
- バリアント（個体差）解析
- 発現解析（RNA，タンパク質）
- エピゲノム解析
- メタゲノム解析

NGSについてはp.16を参照．

図3.1 NGS解析＊概要

データ解析入門の本書では個別のデータ解析手法には立ち入らないが、その共通して必要となっているゲノムマッピングに関して、本節で説明する。ゲノムマッピングそのものだけでなく、それを行うために必要なリファレンスゲノム配列データの取得、それに対してマッピングするリードを公共塩基配列データベースから入手する方法を含めて以下で解説する。

■ リファレンスゲノム配列データの取得

ヒトやマウスなどのモデル生物はゲノム配列解読に改良が重ねられてきたため、ゲノム配列（ゲノムアセンブリともいう）に複数のバージョンが存在する。ゲノム配列はバージョンが同じであればダウンロード元が異なっていても同じ中身となっている。例えば2章の例ではEnsemblからのヒトゲノム配列をダウンロードする例を挙げているが、これをNCBIからダウンロードしても中身は同じということである。

これらの中からリファレンスとすべきゲノム配列が選ばれており、その時点で最良と考えられる配列セットがリファレンスゲノム配列データとして提供されている。例えば、マウスの場合、執筆時点でのリファレンスゲノム配列データはGRCm39と呼ばれるゲノムアセンブリである（図3.2, https://www.ncbi.nlm.nih.gov/data-hub/genome/GCF_000001635.27/）。このページのcurlボタンを押すとポップアップウィンドウにダウンロードコマンドが表示される（図3.3）。それをコピーし、コマンドラインで以下のように実行すると、マウスのリファレンスゲノム配列データがダウンロードできる。

```
% curl -OJX GET "https://api.ncbi.nlm.nih.gov/datasets/v2alpha/genome/accession/GCF_000001635.27/download?include_annotation_type=GENOME_FASTA,GENOME_GFF,RNA_FASTA,CDS_FASTA,PROT_FASTA,SEQUENCE_REPORT&filename=GCF_000001635.27.zip" -H "Accept: application/zip"
```

非モデル生物を含めたそれ以外の生物種の場合であってもNCBI Genomeのウェブサイト（https://www.ncbi.nlm.nih.gov/datasets/genome/）から学名で検索することによってそのゲノム配列データがすでにNCBIに登録されているか、その中でリファレンスとすべきものはどれかが分かる（図3.4）。

図3.2　Genome assembly GRCm39のウェブページ

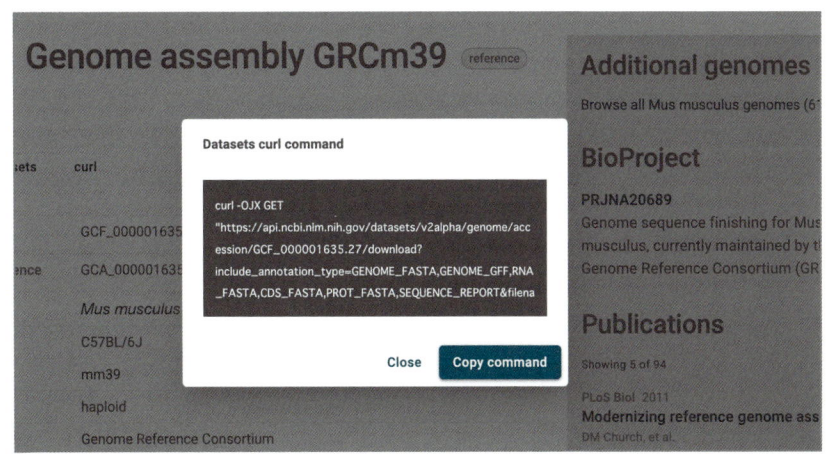

図3.3　図3.1.2でcurlをクリックしたときに現れるサブウインドウ　このゲノム配列をダウンロードするためのコマンドが示されている。

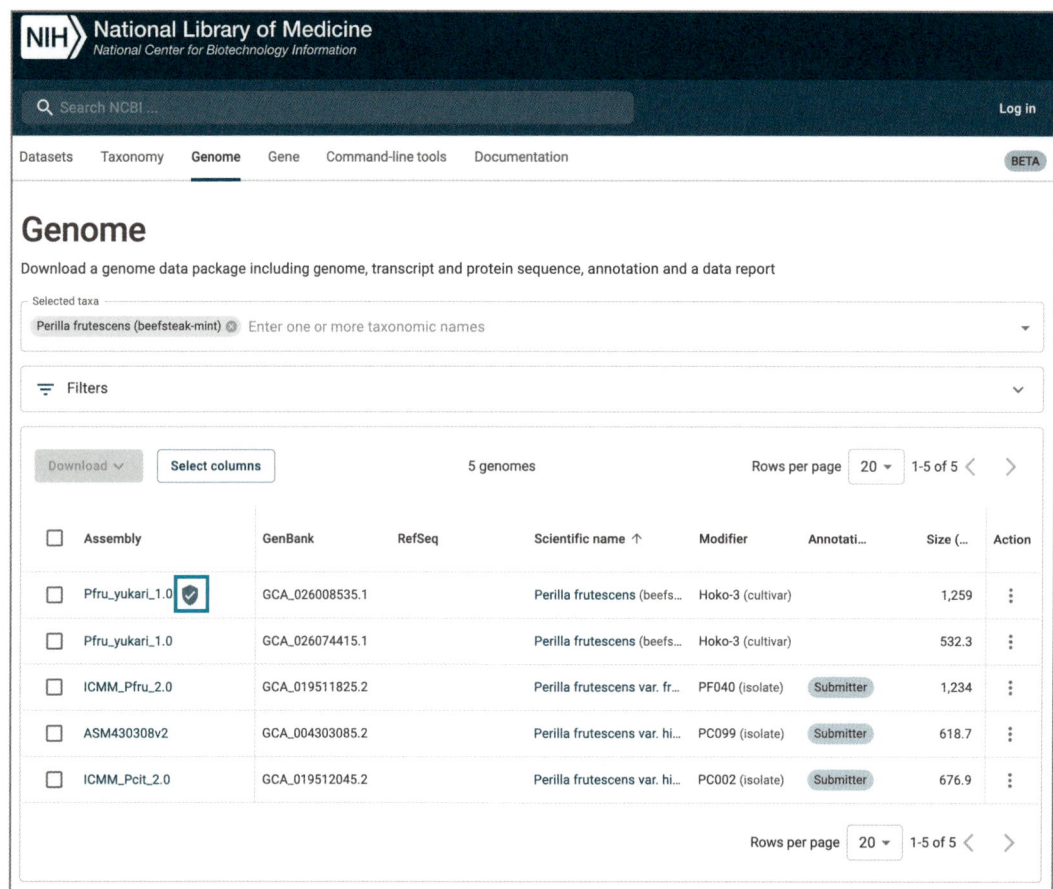

図3.4　NCBI Genome からアカシソ（*Perilla frutescens*）を検索した結果　チェックが入っているものがリファレンスゲノム配列として推奨のアセンブリである。

　ただゲノムにマッピングするだけならどこから取得しても構わないのであるが，どこに遺伝子があるか（ゲノムアノテーション），その遺伝子の機能は何か（機能アノテーション），他の生物種のカウンターパートの遺伝子（オーソログ遺伝子）はどれか，といった情報を含めて考えると，利用したい「アノテーション」情報を持つサイトの情報で揃えて使った方が良い。例えば，GENCODE（https://www.gencodegenes.org/）のアノテーションを使いたいのであれば最初からヒトゲノムリファレンス配列は GENCODE からダウンロードした方が良かろう。

■ コマンドラインでの SRA からのデータ取得

　自らシークエンスしたデータの場合，FASTQ 形式となっていることがほとんどだろう。しかしながら，NGS データのデータベース Sequence Read

Archive（SRA）には SRA 形式として保存されている*。SRA 形式のファイルを取得する方法は SRA のウェブインターフェースからダウンロードするなど複数存在するが，ここでは SRA の RUN ID がわかっている場合のコマンドラインでの取得方法を説明する。

データベース名と配列フォーマット名が同じ'SRA'なので要注意。

　まず，Bioconda を使って SRA Toolkit をインストールする。SRA Toolkit をインストールすると以下で使用する `prefetch` と `fasterq-dump` など，有用なツールが同時にインストールされる。
　なお，以下で紹介する SRA Toolkit のバージョンは 3.0.5 である。

```
# SRA Toolkitのインストール*
% conda install -c bioconda sra-tools
```

そして，ダウンロードしたい複数の SRA の Run ID（SRR ID）を改行区切りで `SRR.txt` というファイル名で保存する。

SRR.txt

```
DRR100656
DRR100657
DRR006760
```

執筆時点では Apple silicon Mac では Bioconda を使って SRA Toolkit をインストールできない。そこで，Homebrew を使ってインストールするのをおすすめする。
`% brew install sratoolkit`
なお，執筆時点では bioconda を使ったインストールがうまくいかなかったり，インストールされるバージョンが3でなく2であったりしたので，以下から該当するプラットフォームの pre-build binaries を利用することをおすすめする。
https://github.com/ncbi/sra-tools/wiki/01.-Downloading-SRA-Toolkit

このファイルを使って，`prefetch` コマンドでダウンロードすることができる。この例のデータサイズの場合，著者の環境では一つ当たり約 50 分でダウンロードが完了した*。

```
# prefetch実行
% prefetch --option-file SRR.txt
# 終了後，ダウンロードされたファイルをチェックする
% ls -lR
.:
total 0
drwxr-xr-x 3 bono staff 96  4 30 11:15 DRR006760
drwxr-xr-x 3 bono staff 96  4 30 12:29 DRR100656
drwxr-xr-x 3 bono staff 96  4 30 13:17 DRR100657

./DRR006760:
total 7290884
```

ダウンロードする環境によって大きく異なる。いずれにせよ時間がかかるので，その間論文を読むなど別の研究を進めよう。

```
-rw-r--r-- 1 bono staff 7463496596   4 30 11:15 DRR006760.sra

./DRR100656:
total 1884164
-rw-r--r-- 1 bono staff 1926035002   4 30 12:29 DRR100656.sra

./DRR100657:
total 1835016
-rw-r--r-- 1 bono staff 1867741241   4 30 13:17 DRR100657.sra
```

　SRA用に圧縮されたSRA形式のファイルが，そのコマンドを実行したディレクトリ（カレントディレクトリ）にSRR IDごとにそのID名でディレクトリが作成されて，そこにそれぞれ保存される。これらを **fasterq-dump** を使ってFASTQファイルを生成する。かつては **fastq-dump** というプログラムが使われてきたが，現在ではより高速な処理が可能となったこの **fasterq-dump** が広く使われている。**fasterq-dump** はNCBIが配布しているSRA Toolkitに含まれているプログラムで，上述の操作ですでにインストールされている。

```
# 取得してきたSRAファイルの展開
% fasterq-dump DRR100656/DRR006760.sra
% fasterq-dump DRR100656/DRR100656.sra
% fasterq-dump DRR100657/DRR100657.sra
# できたファイルをチェック
% ls -l
total 31748096

drwxr-xr-x 3 bono staff          96   4 30 11:15 DRR006760
-rw-r--r-- 1 bono staff 19971878034   4 30 13:32 DRR006760_1.fastq
-rw-r--r-- 1 bono staff 20201648390   4 30 13:32 DRR006760_2.fastq
drwxr-xr-x 3 bono staff          96   4 30 12:29 DRR100656
-rw-r--r-- 1 bono staff  8210848696   4 30 13:32 DRR100656_1.fastq
-rw-r--r-- 1 bono staff  8210848696   4 30 13:32 DRR100656_2.fastq
drwxr-xr-x 3 bono staff          96   4 30 13:17 DRR100657
-rw-r--r-- 1 bono staff  8034305586   4 30 13:32 DRR100657_1.fastq
-rw-r--r-- 1 bono staff  8034305586   4 30 13:32 DRR100657_2.fastq
```

これらは，ペアエンド（paired-end）のため，1runにつき，2つのファイルが生成される*。ペアエンド以外にシングルエンドの場合もあるが，`fasterq-dump`はそれを自動で認識して展開してくれる。

実は，`fasterq-dump`は，別個にSRAファイルをダウンロードしてこなくても，SRA RUN IDを指定すると直接NCBIからダウンロードしてきてFASTQに展開してくれる機能も持っている（3.2節参照）。

```
# fasterq-dumpコマンドでSRAファイルを取得＆展開
% fasterq-dump DRR006760
% fasterq-dump DRR100656
% fasterq-dump DRR100657
```

さて，FASTQはそのままだとテキストファイルで，ファイルサイズが大きいため，`gzip`圧縮しておく。並列に`gzip`圧縮してくれる`pigz`コマンドを用いると効率よく圧縮してくれる。

このペアエンドの対になっている2つのファイルは行数が同一のはずで，その結果，ファイルサイズも同一となることが多い。この例の場合，DRR100656とDRR100657はそうなっているが，DRR006760はそうなっていない。しかし，行数を確認すると，
```
% wc -l DRR006760_1.fastq DRR006760_2.fastq
 229770356 DRR006760_1.fastq
 229770356 DRR006760_2.fastq
 459540712 total
```
となり，同一であることが確認できる。

```
# 今いるディレクトリにある.fastqで終わるファイルを全てgzip圧縮
% pigz *.fastq
# 圧縮されたファイルをチェック
% ls -l
total 6162640
drwxr-xr-x 3 bono staff         96 4 30 11:15 DRR006760
-rw-r--r-- 1 bono staff 5136219002 4 30 13:32 DRR006760_1.fastq.gz
-rw-r--r-- 1 bono staff 5229437917 4 30 13:32 DRR006760_2.fastq.gz
drwxr-xr-x 3 bono staff         96 4 30 12:29 DRR100656
-rw-r--r-- 1 bono staff 1580318331 4 30 13:32 DRR100656_1.fastq.gz
-rw-r--r-- 1 bono staff 1597294024 4 30 13:32 DRR100656_2.fastq.gz
drwxr-xr-x 3 bono staff         96 4 30 13:17 DRR100657
-rw-r--r-- 1 bono staff 1527954108 4 30 13:32 DRR100657_1.fastq.gz
-rw-r--r-- 1 bono staff 1560002952 4 30 13:32 DRR100657_2.fastq.gz
```

並列版`gzip`の`pigz`を使ってもすぐには終わらず，それなりに時間がかかる。しかしながら，上の圧縮前のファイルサイズと比較してわかる通り，約1/5になっている。ディスクスペースは有限なので，このようにこまめにファイル圧縮を行なっておくことがデータ解析においては必須である*。

ペアエンドの対となっている2つのファイルは圧縮するとこの例のようにファイルサイズが異なる。それはファイルの中身が異なるため，圧縮効率に違いが出るためである。

ゲノムマッピング

ゲノム配列にリードをマッピングするための手法・プログラムはいくつもある。3.2節で紹介する配列類似性検索による方法が20世紀からよく使われており，現在でも現役である。21世紀に入ってリファレンスゲノム配列に対して短い配列（リード）をマッピングすることに特化した手法が開発され，その実装（プログラム）が広く使われるようになった。それが以下に紹介するbwaとBowtieである*。いずれの場合も以下の手順は共通である。

 bwaとBowtieについては『Dr. Bonoの生命科学データ解析 第2版』p.145も参照。

何て呼んだらいいの
bwa
「ビーダブリューエー」
Bowtie
「ボウタイ」

1. リファレンスゲノム配列をその検索プログラム用のインデックス作成
2. ゲノムへのマッピング
3. ゲノムに対するSAM形式のアラインメント結果をBAM形式に変換（各プログラム共通）

ここではGENCODEから以下のコマンドでダウンロードしたリファレンスヒトゲノム配列（GRCh38）を用いて説明する。

```
% curl -O https://ftp.ebi.ac.uk/pub/databases/gencode/Gencode_human/release_43/GRCh38.p13.genome.fa.gz
```

bwa

bwa（Burrows-Wheeler Aligner）は主にバリアント解析でよく使われているゲノムマッピングのツールである。

まずはbwaをインストールして，利用するゲノム配列のインデックスを作成する。なお，以下で例に示すbwaは，Version: 0.7.17-r1188である。

執筆時点ではApple silicon MacではBiocondaを使ってbwaをインストールできない。そこで，Homebrewを使ってインストールするのをおすすめする。
```
% brew install bwa
```

```
# bwaのインストール*
% conda install -c bioconda bwa
# bwa用のゲノム配列インデックスの作成
% bwa index GRCh38.p13.genome.fa.gz
```

インデックスの作成には時間がかかる*。

```
# bwaによるゲノムマッピング*
% bwa mem -t 10 GRCh38.p13.genome.fa.gz DRR006760_1.
fastq.gz DRR006760_2.fastq.gz > DRR006760_bwa.sam
```

著者の環境では，このヒトゲノムの例で約46分かかった。

著者の環境では，このヒトゲノムにDRR006760の配列をマッピングするのに約30分かかった。

Bowtie

BowtieはChIP-SeqやATAC-Seq解析などで広く使われているゲノムマッピングのツールである。そのバージョン2であるBowtie2が現在よく使われている。なお，以下で例に示すBowtie2のバージョンは，2.5.1である。まず，Bowtie2をインストールする。

```
# Bowtie2のインストール*
% conda install -c bioconda bowtie2
```

次に利用するゲノム配列のインデックスを作成するのであるが，いくつかのよく使われるゲノムアセンブリに対してはすでに作成済みのインデックスファイルがBowtie2のサイト https://bowtie-bio.sourceforge.net/bowtie2/index.shtml からダウンロード可能である。

```
# Bowtie2用のゲノム配列インデックスの作成
% bowtie2-build --threads 10 -f GRCh38.p13.genome.
fa.gz GRCh38
```

執筆時点ではApple silicon MacではBiocondaを使ってbowtie2をインストールできない。そこで，Homebrewを使ってインストールするのをおすすめする。
% `brew install bowtie2`

インデックスの作成には時間がかかる*。

```
# Bowtie2によるゲノムマッピング*
% bowtie2 --threads 10 -x GRCh38 -1 DRR006760_1.fastq.
gz -2 DRR006760_2.fastq.gz -S DRR006760_bowtie.sam
```

著者の環境では，このヒトゲノムの例で約23分かかった。

著者の環境では，このヒトゲノムにDRR006760の配列をマッピングするのに約45分かかった。

SAM-BAM変換

　得られたSAM形式のゲノム配列に対するアラインメント情報をもとにデータ解析を続けることになる。その際，しばしばソートされたBAM形式のファイルが要求される。そこで，SAM形式のファイルをBAM形式に変換しソートする必要がある*。そのためには，まずsamtoolsをインストールする。なお，以下で例に示すsamtoolsのバージョンは，1.17である。

SAM形式のファイルは，テキストなのでファイルサイズが大きい。BAM形式のファイルに変換するとバイナリとなり，圧縮される。また必要であれば，BAMからSAMに可逆的に変換することも可能である。なので，BAMに変換して元のSAMファイルは消去してしまっても問題ない。

```
# samtoolsのインストール*
% conda install -c bioconda samtools
```

　そして，samtoolsを実行。同じコマンドの別のオプションによって，SAM-BAM変換，ソートを実行する。

執筆時点ではApple silicon MacではBiocondaを使ってsamtoolsをインストールできない。そこで，Homebrewを使ってインストールすることをおすすめする。
`% brew install samtools`

```
# samtoolsで一つのファイルをSAMをBAMに変換，ソート
% samtools view -@ 10 -bS DRR006760.sam > DRR006760_tmp.bam
% samtools sort -@ 10 -o DRR006760.bam DRR006760_tmp.bam
```

　同じディレクトリにある複数のSAMファイルを全て一気に変換する場合，以下のスクリプトで実行すると良い

```
#!/bin/sh
p=4
tmp=/tmp
for f in *.sam;
  do g="${f%.*}"
  echo $g
  samtools view -@ $p -bS $g.sam | samtools sort -@ $p -T $tmp/$g.$$ -o $g.bam -
done
```

　BAMファイルに変換した後の解析に関しては，各論になるので，ここでは詳細は述べない。リシークエンスに関しては，『次世代シークエンサーDRY解析教本改訂第2版』（清水厚志，坊農秀雅 編著，学研メディカル秀潤社，

2019年）の「疾患ゲノム解析」の項や，そこで使われているコードのレポジトリ(https://github.com/misshie/ngsdat2/)，ChIP-SeqやATAC-Seqに関しては，『次世代シークエンサーDRY解析教本改訂第2版』（同前）の「エピゲノム解析（ChIP-Seq）」の項などを参照。

スプライスマッピング

リードがRNAシーケンス（RNA-seq）の場合には，ゲノム配列にマッピングする際にスプライシングを考慮しなければならない。そのため，また別の専用のプログラムを使う。よく使われているのはHISAT2やSTARといったプログラムである。

> **何て呼んだらいいの**
> HISAT2
> 「ハイサットツー」
> STAR
> 「スター」

これらのツールで得られる結果はゲノムに対するアラインメントファイル（SAM形式）で，下流の解析に持っていくには，bwaやBowtie2と同様にsamtoolsを使ってBAMに変換し，ソート処理する必要がある。

HISAT

Bowtie2同様，HISATもそのバージョン2であるHISAT2が広く使われている。以下で例に示すHISAT2のバージョンは，2.2.1である。

```
# HISAT2のインストール *
% conda install -c bioconda hisat2
```

執筆時点ではApple silicon MacではBiocondaを使ってHISAT2をインストールできない。また，Homebrewを使ってインストールすることも執筆時点ではできなかったが，開発元がコンパイル済みのバイナリをhttps://daehwankimlab.github.io/hisat2/download/ より配布しているので，それをダウンロードして使うと良い。しかし，ダウンロードしてきたファイルを実行しようとするとエラーが出て実行できないので，システム環境設定から「セキュリティとプライバシー」を開き，セキュリティを確認すると実行できるようになる（詳細はコラム参照）。

次に利用するゲノム配列のインデックスを作成するのだが，いくつかのよく使われるゲノムアセンブリに対してはすでに作成済みのインデックスファイルがHISAT2のサイト https://daehwankimlab.github.io/hisat2/download/ からダウンロード可能である。

```
# リファレンスゲノム配列のgzip圧縮は展開しておく必要がある
% pigz -d GRCh38.p13.genome.fa.gz
# Bowtie2用のゲノム配列インデックスの作成
% ./hisat2-2.2.1/hisat2-build -p 10 -f GRCh38.p13.genome.fa GRCh38
```

著者の環境では，このヒトゲノムの例で約15分かかった。

インデックスの作成には時間がかかる*。

```
# HISAT2によるゲノムマッピング*
% ./hisat2-2.2.1/hisat2 --threads 10 -x GRCh38 -1 DRR100656_1.
fastq.gz -2 DRR100656_2.fastq.gz -S DRR100656_hisat2.sam
 23193193 reads; of these:
  23193193 (100.00%) were paired; of these:
    2062341 (8.89%) aligned concordantly 0 times
    19301033 (83.22%) aligned concordantly exactly 1 time
    1829819 (7.89%) aligned concordantly >1 times
    ----
    2062341 pairs aligned concordantly 0 times; of these:
      894965 (43.40%) aligned discordantly 1 time
    ----
    1167376 pairs aligned 0 times concordantly or discordantly; of 
these:
      2334752 mates make up the pairs; of these:
        1256038 (53.80%) aligned 0 times
        820245 (35.13%) aligned exactly 1 time
        258469 (11.07%) aligned >1 times
97.29% overall alignment rate
```

著者の環境では，このヒトゲノムにDRR100656の配列をマッピングするのに約6分半かかった。

この結果から，RNA-Seqのリードのうち97.29%はゲノムにマップできており，83.22%がゲノム中で一か所にマップできていたことが大まかにわかる。

STAR

処理速度が速いということで，STARというプログラムが広く使われている。高速である反面，使用するメモリが多い。以下で例に示すバージョンは，2.7.10bである。

```
# STARのインストール
% wget https://github.com/alexdobin/STAR/
archive/2.7.10b.tar.gz
% tar zxvf 2.7.10b.tar.gz
```

展開して得られるファイルのうち，macOSの場合は `STAR-2.7.10b/bin/MacOSX_x86_64/` 以下の `STAR` を，Linux（WSL2）の場合は `STAR-2.7.10b/bin/Linux_x86_64/` 以下の `STAR` を使う。以下は，macOSの例となっている。

他のツール同様，`STAR` もまずはそれ用のゲノム配列インデックスを作成する必要がある。

```
# リファレンスゲノム配列のgzip圧縮は展開しておく必要がある
% pigz -d GRCh38.p13.genome.fa.gz
# STARのゲノム配列インデックス作成*
% ./STAR-2.7.10b/bin/MacOSX_x86_64/STAR \
    --runMode genomeGenerate \
    --genomeDir STAR_index \
    --runThreadN 10 \
    --genomeFastaFiles GRCh38.p13.genome.fa

# STARによるゲノムマッピング*
% for SRR in DRR100656 DRR100657; do
    ./STAR-2.7.10b/bin/MacOSX_x86_64/STAR \
    --genomeDir STAR_index \
    --runThreadN 10 \
    --outFileNamePrefix ${SRR}_ \
    --readFilesIn ${SRR}_1.fastq.gz ${SRR}_2.fastq.gz \
    --readFilesCommand pigz -dc
done
 ./STAR-2.7.10b/bin/MacOSX_x86_64/STAR --genomeDir
STAR_index --runThreadN 10 --outFileNamePrefix
DRR100656_ --readFilesIn DRR100656_1.fastq.gz
DRR100656_2.fastq.gz --readFilesCommand gunzip -c
        STAR version: 2.7.10b   compiled: :/Users/
distiller/project/STARcompile/source
May 08 07:00:14 ..... started STAR run
May 08 07:00:14 ..... loading genome
May 08 07:00:37 ..... started mapping
May 08 07:03:15 ..... finished mapping
May 08 07:03:16 ..... finished successfully
（以下略）
```

著者の環境では，このヒトゲノムの例で約35分かかった。

著者の環境では，このヒトゲノムにDRR100656の配列をマッピングするのに約3分かかった。

ログを確認すると以下のように Unique mapped が 84.45% あったことなどがわかる。

```
% less DRR100656_Log.final.out
（中略）
                                 UNIQUE READS:
                 Uniquely mapped reads number |    19586736
                      Uniquely mapped reads % |    84.45%
                        Average mapped length |    199.93
                     Number of splices: Total |    10487869
            Number of splices: Annotated (sjdb) |  0
                     Number of splices: GT/AG |    10386364
                     Number of splices: GC/AG |    77694
                     Number of splices: AT/AC |    6535
                 Number of splices: Non-canonical | 17276
                    Mismatch rate per base, % |    0.16%
                       Deletion rate per base |    0.01%
                      Deletion average length |    1.62
                      Insertion rate per base |    0.00%
                     Insertion average length |    1.77
                              MULTI-MAPPING READS:
        Number of reads mapped to multiple loci |  2066313
             % of reads mapped to multiple loci |  8.91%
        Number of reads mapped to too many loci |  14458
             % of reads mapped to too many loci |  0.06%
                                 UNMAPPED READS:
    Number of reads unmapped: too many mismatches |  0
         % of reads unmapped: too many mismatches |  0.00%
            Number of reads unmapped: too short |  1522028
                 % of reads unmapped: too short |  6.56%
                Number of reads unmapped: other |  3658
                     % of reads unmapped: other |  0.02%
                                 CHIMERIC READS:
                       Number of chimeric reads |  0
                            % of chimeric reads |  0.00%
```

BAM ファイルに変換した後の解析に関しては，各論になるので，ここでは詳細は述べない．RNA-Seq に関しては，『改訂版 RNA-Seq データ解析：WET ラボのための超鉄板レシピ』（坊農秀雅編，羊土社，2023）などを参照．

コラム
セキュリティ問題を回避する方法

macOSでダウンロードしてきたファイルに含まれるバイナリをターミナルから実行（具体的にはダウンロードしてきたHISAT2のプログラムを含むzipファイルを展開し，できたディレクトリにある以下のコマンドを実行）しようとすると，図3.5のようなポップアップウインドウが出て実行できない。

```
% ./hisat2-2.2.1/hisat2
```

そのプログラムの開発元が検証できないためにこのようなエラーが起きるのだが，バイオインフォマティクス関係のコンパイル済みのツールをダウンロードしてきて実行するときによく起こるエラーである。このHISAT2以外にもコンパイル済みのNCBI BLASTなどをダウンロードしてきて実行しようとした時にも起きるのを著者は確認している。

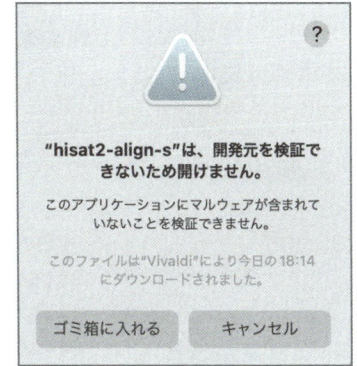

図3.5

この場合，一度「キャンセル」を押し，システム（環境）設定を開き，「セキュリティとプライバシー」を見ると「"hisat2-align-s"は開発元を確認できないため，使用がブロックされました」とあり，プログラムの実行がシステムにブロックされていることが確認できる（図3.6）。そこで，「このまま許可」のボタンを押して承認し，もう一度コマンドラインで実行し，再び出てくるポップアップウインドウ（図3.7）で「開く」をクリックして再度確認するとターミナルで実行できるようになる。

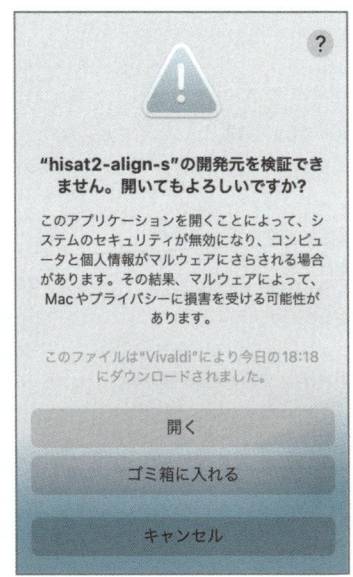

図3.6

図3.7

3.2 配列類似性検索

　配列類似性検索は文字どおり，塩基配列やアミノ酸配列が似ているものをみつける解析方法であるが，生命科学データ解析において最も古くから用いられており，極めて重要な解析方法である。配列類似性検索といえば，NCBIが開発した Basic Local Alignment Search Tool（**BLAST**）が定番となっている。そして，NCBI をはじめとして多くの配列 DB を提供しているウェブサイトにおいて，その提供している配列 DB に対する BLAST 検索が，ウェブインターフェースを介して利用可能となっている。

　しかしながら，大量の質問配列（query）を使って繰り返し BLAST 検索する，あるいは自ら作成したローカルな DB を対象に BLAST 検索する，といったことはウェブインターフェースではできない。

　そこで，コマンドラインでのローカルな DB を対象にした BLAST 検索（ローカル BLAST）の行い方を紹介する。DB としては，自ら作成したセットを仮定して話をすすめる。

▌BLAST のインストール

　BLAST のインストールは，Bioconda を使うと以下のコマンドでできる*。

```
# condaを使ってBLASTをインストール
% conda install blast
```

　非常にたくさんの追加インストールがあるものの，最終的にエラーで途中で止まっていなければ BLAST はインストールされているであろう。それを確かめるのに，

```
# 何も引数をつけずに実行
% blastn
```

と入力して ENTER キーを押したときに，

`bash: blastn: command not found`

? 何て呼んだらいいの
BLAST
「ブラスト」

◁◁ BLAST については，『Dr. Bono の生命科学データ解析第2版』の p.133「BLAST」も参照。

＊ Apple silicon Mac においては現状 Bioconda ではインストールできないが，他のツール同様に Homebrew を使えばインストールできる。
`% brew install blast`

というメッセージではなく，
```
BLAST query/options error: Either a BLAST database or
subject sequence (s) must be specified Please refer to
the BLAST+ user manual.
```
と出てきたら，インストールが上手くいっているということである。

■ BLAST 用 DB の作成

多くの場合，DNA やタンパク質配列データは，そのファイル容量を減らすためにファイル圧縮された状態で配布されている。一番よくあるのが，gzip 圧縮されている例である。

ここでは，2.5 節で Ensembl の FTP サイトから取得してきた `Homo_sapiens.GRCh38.dna.toplevel.fa.gz` という gzip 圧縮されたファイル（ヒトゲノム配列）を例に紹介する。このファイルは，前節の指示通りに作業すると `~/Downloads/datadojo/` にダウンロードできているはずであるので，それを前提に解説を進める。

```
# ~/Downloads/datadojo/ディレクトリに移動
% cd ~/Downloads/datadojo/
# ヒトゲノム配列ファイルはgzip圧縮されているので，それをgunzipで展開
% gunzip Homo_sapiens.GRCh38.dna.toplevel.fa.gz
# BLAST用のindex作成
% makeblastdb -in Homo_sapiens.GRCh38.dna.toplevel.fa
  -dbtype nucl -hash_index -parse_seqids
```

このようにひとたび BLAST 検索用の index を作っておくと，今後は配列情報が変わらない限り作り直す必要はなく，すぐに BLAST 検索ができる。ただ，ヒトゲノム配列に対する index 作成の最後の行（`makeblastdb`）の実行には，手もとの MacBook Pro（Apple M1 Max）だと約 12 分かかった。時間がかかるステップであるという認識をもって実行していただきたい。

また，index を作ってしまったら，元の FASTA 形式のファイルは BLAST 検索には必要ない。圧縮していないテキストファイル，特に塩基配列データはファイル容量が大きい。のちにそのファイルを別目的に使うのであれば，再度ファイル圧縮するか，

◀ `pigz`については「2.2 コマンドラインの基本操作」のp.17を参照。

```
# FASTA形式のファイルをgzip圧縮
% pigz Homo_sapiens.GRCh38.dna.toplevel.fa
```

もしくは，消してしまっても問題ない。

```
# もしくは，ファイル消去
% rm Homo_sapiens.GRCh38.dna.toplevel.fa
```

■ コマンドライン BLAST 検索実行

query（検索にかける質問配列）と DB（検索対象のデータベース）を指定して，オプションもいろいろと指定するほか，実行するプログラムを query と DB の種類に応じて選ぶ必要がある。

以下の実行例で使用する query の配列は，2.5 節のデータ取得の例で取得してきているはずのファイルとなっているが，DrBonoDojo GitHub の 3-2 ディレクトリ以下にも置いてある。DB のファイルに関してはファイルサイズが大きく，GitHub には置いていない。オリジナルの FTP サイトから最新の DB を取得されたい。

GitHub ファイル取得
https://github.com/bonohu/DrBonoDojo2/blob/master/3-2/

query も DB も塩基配列

query も DB も塩基配列の場合は，塩基配列レベルで比較するか，翻訳してアミノ酸配列レベルで比較するかの 2 通りの比較方法がある。

1. 塩基配列レベルで比較

この場合には BLAST のプログラム群のうち，`blastn` を用いる。計算結果は `blastn-out.txt` に書き込まれるので，終わってから `less` を使って見る。

```
# query用テスト配列の取得
% curl -O http://togows.org/entry/ddbj-ddbj/BC022545.fasta
# blastn実行
```

```
% blastn -query BC022545.fasta -db Homo_sapiens.GRCh38.dna.toplevel.fa -out blastn-out.txt
# lessで出力ファイルの中身を見る
% less blastn-out.txt
BLASTN 2.14.0+


Reference: Zheng Zhang, Scott Schwartz, Lukas Wagner, and Webb
Miller (2000), "A greedy algorithm for aligning DNA sequences", J
Comput Biol 2000; 7(1-2):203-14.



Database: Homo_sapiens.GRCh38.dna.toplevel.fa
           639 sequences; 63,147,197,748 total letters


Query= BC022545|BC022545.1 Homo sapiens enolase 1, (alpha), mRNA (cDNA
clone MGC:26814 IMAGE:4799584), complete cds.

Length=1793
                                                                      Score        E
Sequences producing significant alignments:                          (Bits)     Value

1 dna:chromosome chromosome:GRCh38:1:1:248956422:1 REF                 2182       0.0
2 dna:chromosome chromosome:GRCh38:2:1:242193529:1 REF                  254      4e-63
17 dna:chromosome chromosome:GRCh38:17:1:83257441:1 REF                 211      2e-50
12 dna:chromosome chromosome:GRCh38:12:1:133275309:1 REF                211      2e-50



>1 dna:chromosome chromosome:GRCh38:1:1:248956422:1 REF
Length=248956422

 Score = 2182 bits (1181),  Expect = 0.0
 Identities = 1425/1545 (92%), Gaps = 7/1545 (0%)
 Strand=Plus/Plus

Query   49         ACCTCGGTGTCTGCAGCACCCTCCGCTTCCTCTCCTAGGCGACGAGACCCAGTGGCTAGA   108
                   ||||  ||||||||||||||||||||| ||| ||||||||||| | ||||||||||||||
Sbjct   236483098  ACCTGAGTGTCTGCAGCACCCTCCACTT-CTCTCCTAGGCAATGAGACCCAGTGGCTAGA   236483156
（以下略）
```

ただ，アラインメントそのものよりもヒットがあった配列の ID やそのヒットの E-value などだけがほしい場合には，タブ区切りテキストでの出力のほうが望ましいことが多い．その場合には **-outfmt 7** というオプションを追加し，出力のフォーマットを指定する．

```
# フォーマットを-outfmt 7で指定して実行
% blastn -query BC022545.fasta -db Homo_sapiens.GRCh38.dna.toplevel.fa -outfmt 7 -out blastn-out7.txt
# lessで出力ファイルの中身を見る
% less -S blastn-out7.txt
# BLASTN 2.14.1+
# Query: BC022545|BC022545.1 Homo sapiens enolase 1, (alpha), mRNA (cDNA clone
# Database: Homo_sapiens.GRCh38.dna.toplevel.fa
# Fields: query acc.ver, subject acc.ver, % identity, alignment length, mismatches,
# 18 hits found
BC022545|BC022545.1     1       92.233  1545    113     3       49      1587
BC022545|BC022545.1     1       100.000 430     0       0       1350    1779
BC022545|BC022545.1     1       99.563  229     0       1       557     784
BC022545|BC022545.1     1       100.000 206     0       0       980     1185
BC022545|BC022545.1     1       99.038  208     0       2       782     987
BC022545|BC022545.1     1       100.000 135     0       0       427     561
BC022545|BC022545.1     1       97.479  119     2       1       1184    1302
BC022545|BC022545.1     1       100.000 107     0       0       1       107
BC022545|BC022545.1     1       100.000 100     0       0       200     299
BC022545|BC022545.1     1       100.000 98      0       0       106     203
BC022545|BC022545.1     1       97.436  78      2       0       355     432
BC022545|BC022545.1     1       96.154  78      3       0       1571    1648
BC022545|BC022545.1     1       100.000 61      0       0       1291    1351
BC022545|BC022545.1     1       100.000 60      0       0       297     356
BC022545|BC022545.1     2       74.419  645     140     15      105     743
BC022545|BC022545.1     17      84.332  217     32      2       560     775
BC022545|BC022545.1     17      81.250  128     24      0       429     556
BC022545|BC022545.1     12      84.091  220     34      1       557     775
# BLAST processed 1 queries
（以下略）
```

less の実行で **-S**（大文字の S）をつけてあるのは，デフォルトだとウィンドウ幅に合わせて自動的に改行されしまうが，それを禁止して出力結果を見やすくするためである．カーソルを動かして能動的に見に行くと，現在は表示されていない部分が表示されるようになる．

2. 両方翻訳して比較

この場合には，**tblastx** を用いる。DB 配列もアミノ酸配列に翻訳するため，各種 BLAST の中で一番計算が重い（計算量が多い）。そのため実行時間がかかるが，遠縁の類似性を検出できる便利なプログラムである。例えば，以下のように実行する。

```
# tblastxの実行例
% tblastx -query LC170036.fasta -db Homo_sapiens.GRCh38.dna.toplevel.fa
-evalue 1e-10 -num_threads 4 -outfmt 7 -out tblastx-out.txt
```

計算が重いことが予想されるため，複数の thread を使った並列化を可能にするために **-num_threads 4** というオプションをつけている。これをつけると 4 threads までの並列化が試みられる。また，**-evalue 1e-10** というオプションをつけて低い類似性をカットし，E-value が 1e-10（1×10^{-10} のこと）以下の有意性のあったものだけ出力されるようにしている。この E-value に関してはこの値以下なら OK というものはなく，経験的に設定するべきものである。

なお，計算を最後まで終わらせないで終了させる場合，Control キーを押しながら c キーを押す（Ctrl-c）ことで計算を止めることができる。この操作に関しては他の UNIX コマンドに関しても同様である。

queryはアミノ酸配列，DBは塩基配列

この場合，DB を翻訳してアミノ酸配列レベルで比較することになる。使うプログラムは **tblastn** となる。

例えば，以下のように実行する。

```
# tblastnの実行例
% tblastn -query HIF1_CAEEL.fasta -db Homo_sapiens.GRCh38.dna.toplevel.fa
-evalue 1e-10 -num_threads 4 -outfmt 7 -out tblastn-out.txt
```

DBはアミノ酸配列

DB がタンパク質（アミノ酸配列）の場合，アミノ酸配列用の index を作る必要があるため，`makeblastdb` のオプションが変更となる（`-dbtype prot`）。

ここでは，2.5 節で UniProt の FTP サイトから取得してきた `uniprot_sprot.fasta.gz` という `gzip` 圧縮された FASTA 形式ファイル（UniProt の配列全体）を使う例をあげる。

```
# UniProtのFASTA形式ファイルはgzip圧縮されているのでそれを展開
% gunzip uniprot_sprot.fasta.gz
# BLAST用のindex作成（タンパク質配列用）
% makeblastdb -in uniprot_sprot.fasta -dbtype prot -hash_index -parse_seqids
```

1. query が塩基配列

query が塩基配列の場合，それを翻訳してタンパク質配列 DB と比較する。使うプログラムは，`blastx`。例えば，以下のように実行する。

```
# blastxの実行例
% blastx -query LC170036.fasta -db uniprot_sprot.fasta -evalue 1e-10 -num_threads 4 -outfmt 7 -out blastx-out.txt
```

2. query がタンパク質配列

query がタンパク質配列の場合は，タンパク質配列の DB と素直にそのままアミノ酸配列レベルで比較できる。使うプログラムは `blastp`。例えば，以下のように実行する。

```
# blastpの実行例
% blastp -query HIF1_CAEEL.fasta -db uniprot_sprot.fasta -evalue 1e-10 -num_threads 4 -outfmt 7 -out blastp-out.txt
```

列記した 5 種類の BLAST プログラムをまとめると表 3.1 のようになる。query も DB も塩基配列の場合は，塩基配列レベルで比較する（`blastn`）方法があるほかは，すべてタンパク質配列レベルでの比較を行う。

表3.1 BLASTの各種プログラム

query ＼ DB	塩基配列	アミノ酸配列
塩基配列	`blastn, tblastx`	`blastx`
アミノ酸配列	`tblastn`	`blastp`

■ DB 中の必要なエントリだけ抜き出す

BLAST による検索結果の中から興味のある配列をみつけたら，その配列を取得したくなるであろう．配列の取得をウェブインターフェースを使って1つずつやっていたのでは効率が悪い．取得すべき配列のIDをファイルに書き込んで，それを一気に読み込んで気になる配列を抜き出すことができる．それは，BLAST と一緒にインストールされる `blastdbcmd` を使う方法である．

> BLASTによる検索結果からIDを抜き出して配列取得する手順については，p.126「3.3 系統樹作成」の「配列類似性検索で集めてくる」を参照．

1エントリだけ抜き出す

この例ではエントリ名（`-entry`）に 16（16番染色体），領域（`-range`）に `61695513-61748259`，その結果は `HIF1A-genomic.fasta` というファイルに書き込むように指定している．ちなみに，この領域はヒトゲノムにおいて *HIF1A* 遺伝子がコードされているゲノム上の領域に相当する．

```
# 16番染色体の61695513～61748259領域を抜き出して，ファイルに保存
% blastdbcmd -db Homo_sapiens.GRCh38.dna.toplevel.fa -entry 16 -range 61695513-61748259 > HIF1A-genomic.fasta
# 中身をlessで確認
% less HIF1A-genomic.fasta
>16 dna:chromosome chromosome:GRCh38:16:1:90338345:1 REF
AGAACAACCCTGCAGATTCTGTCCTGAGCACCATAGGATGTTTACCTGGTCTCTAATCCCTAGATGCCAGTAACTGCCCA
CCCCTTTCCTAGATGTGACAATTCCAGACACTGTCAAATATCTCCTGAACTGCAAAATCACTCCCAGTTGAGAACCCACT
GATGTGATTTGGGCACTGAAATAACTTATTTGATCATCAATTCTTAGTAATATCTAGAAGAAAACTAAACTCACAGTCTA
（以下略）
```

ファイルのすべてを表示するには大きすぎるので，結果の上部だけを表示している．

このような抜き出しは数個なら手作業でもそれほど難はないが，数が多くなってくると大変な手間になる。

複数エントリを一気に抜き出す

上記の例のように１つずつではなく，大量の配列を一気に抜き出してくることも可能である。例えば，ChIP-seqデータから得た転写因子結合領域が書かれたBED形式のファイル（領域がゲノム上の座標で記してあるファイル）をもとに配列を取得してくる，といったこともできる。ただし，この場合には気をつけないといけないことが２点ある。１つは**ゲノムアセンブリのバージョン**に関してで，もう１つは**ゲノム座標の記述方式**に関することである。それを順を追って解説する。

 BED形式については，『Dr.Bonoの生命科学データ解析第2版』のp.115「BED形式」も参照。

まずは，ゲノムアセンブリのバージョンに関する問題である。2023年5月現在，最新のヒトゲノムアセンブリはhg38であるが，配られているゲノム座標が書かれたファイルがどのバージョンのアセンブリに対して書かれているかは大問題である。以下の例は，ChIP-Atlas（http://chip-atlas.org）のPeak Browserで得られるBEDファイル（ファイル名：**Oth.CDV.50.HIF1A.AllCell.bed**）であるが，hg38ではなく，hg19のゲノム配列に対して計算した結果となっている。このファイルはもちろんChIP-Atlasから取得できるが，DrBonoDojo2 GitHubにも置いてある。

GitHubファイル取得
このファイル**Oth.CDV.50.HIF1A.AllCell.bed**は，DrBonoDojo2 GitHubの3-2ディレクトリに置いてある。
https://github.com/bonohu/DrBonoDojo2/blob/master/3-2/0th.CDV.50.HIF1A.AllCell.bed

2023年5月現在，ChIP-atlasではhg38に対して計算した結果も利用可能となっている。

```
# BEDファイルを確認
% less Oth.CDV.50.HIF1A.AllCell.bed
track name="HIF1A (@ Cardiovascular) 500" url="http://chip-atlas.org/view?id=$$" gffTags="on"
```

```
chr1    10016   10094   ID=SRX157608;Name=HIF1A%20(@%20
HUVEC);Title=GSM955978:%20HIF1%20under%20hypoxia%20ChIP-seq%3B%20Homo%20
sapiens%3B%20ChIP-Seq;Cell%20group=Cardiovascular;<br>source_name=HIF1%20
under%20hypoxia%20ChIP-seq;cell%20type=HUVEC;chip%20antibody=HIF1α%20[Novus%20
Biologicals%20NB100-134%20lot.K2];passage=within%206%20times;     625     .
10016   10094   127,255,0
chr1    566089  566323  ID=SRX4741788;Name=HIF1A%20(@%20EA.
hy926);Title=GSM3402530:%20Hypoxia%20HIF1A%20ChIPSeq%3B%20Homo%20sapiens%3B%20
ChIP-Seq;Cell%20group=Cardiovascular;<br>source_name=EA.Hy926;cell%20line=EA.
Hy926;cell%20type=Human%20umbilical%20vein%20endothelial%20cell%20line;chip%20
antibody=HIF-1alpha%20(Novus,%20NB100-134);     683     .       566089  566323
186,255,0
...
（以下略）
```

ゲノムアセンブリのバージョンが異なる場合にはリフトオーバー（lift over）と呼ばれる座標変換をする必要がある．それは，同一の遺伝子であってもゲノムアセンブリが異なるとそれらのゲノム上の座標が異なるからである．リフトオーバーは，Lift Genome Annotations（https://genome.ucsc.edu/cgi-bin/hgLiftOver）から簡単にできる．ただ，ChIP-Atlas からダウンロードした BED ファイルそのままではうまく変換できないので，先頭行をのぞいて，左から 3 カラムだけにする．

```
# 先頭1行を飛ばして，第1，2，3カラム目だけを抽出
% tail -n +2 Oth.CDV.50.HIF1A.AllCell.bed | cut -f1,2,3 > HIF1A_hg19.bed
# 中身を確認
% less HIF1A_hg19.bed
chr1    10016   10094
chr1    566089  566323
chr1    566095  566316
chr1    567440  567713
chr1    567449  567715
chr1    8272035 8272438
chr1    8272083 8272438
chr1    8938785 8939416
chr1    8938806 8939410
（以下略）
```

この **HIF1A_hg19.bed** を Lift Genome Annotation のウェブサイトに入力してリフトオーバーする．変換した結果を **HIF1A_hg38_lo.bed** として保

存する。この中身は以下のようになっており，確かに座標が変換されている。

```
# 中身を確認
% cut -f1,2,3 HIF1A_hg38_lo.bed
chr1    10016   10094
chr1    630709  630943
chr1    630715  630936
chr1    632060  632333
chr1    632069  632335
chr1    8211975 8212378
chr1    8212023 8212378
chr1    8878726 8879357
chr1    8878747 8879351
（以下略）
```

次に，ゲノム座標の記述方式に関してである。残念ながら，前述のファイルのゲノム座標記述のままではバッチ取得には使えない。それはファイル形式が，**blastdbcmd** が受け付ける形となっていないからだ。そこで，以下のようにさらに加工する。

```
# Perlを使って，細かい体裁を変換
% perl -anle '$F[0] =~ s/chr//; print "$F[0] $F[1]-$F[2]"' HIF1A_hg38_lo.bed > HIF1A_hg38_lo.txt
# 中身を確認
% less HIF1A_hg38_lo.txt
1 10016-10094
1 630709-630943
1 630715-630936
1 632060-632333
1 632069-632335
1 8211975-8212378
1 8212023-8212378
1 8878726-8879357
1 8878747-8879351
（以下略）
```

ここまで整形した上で，以下のコマンドで塩基配列を一括取得できるようになる。

```
# ゲノムの部分配列をバッチ取得 *
% blastdbcmd -db Homo_sapiens.GRCh38.dna.toplevel.fa -entry_batch HIF1A_hg38_lo.txt > HIF1A_hg38_lo.fasta
# 中身を確認
% less HIF1A_hg38_lo.fasta
>1 dna:chromosome chromosome:GRCh38:1:1:248956422:1 REF
CCCTAACCCTAACCCTAACCCTAACCCTAACCCTAACCCTAACCCTAACCCTAACCCTAACCCTAACCCTAAC
>1 dna:chromosome chromosome:GRCh38:1:1:248956422:1 REF
GTGGAGATTTCAGCCGCTTTGTGGTAAATGGTAGAAAAGGAAATATCTTCGTATAAAAACTAGATAGAATGATTCTCAGA
AACTCCTTTATGATGTGTGCTTTCAACTCACTGAGTTTAACATTTCTTTTCATAGAGCAGTTAGGAAACACTCTGTTTGT
AAAGTCTGCAAGTGGATATTCAGACCCCCTTGAGGCCTTCGTTGGAAACCGTATTTTTTCATATTATGCTAGACAGAAGA
ATTCTCAGTAATTTCCTTGTGTTGTGTGTATTCAACTGACAGAGTTGAACTTTCATTTAGAGAGAGCAGATTTGAAACAC
TGTTTTTGTGGTATTTGCAAGTGGAGATTTCAAGCGCTTTGGGGCCAAAGGCAGAAAAGGAAATATCTTCGTATAAAAAC
TAGACAGAATCATTCTCAGTAACTGCTCTGTGATGTGTGCGTTCAACTCTCAGAGTTTAACTTTTCTTTTCATTCAGCAG
TTTGGAAACACTCTGTTTGTAAAGTCTGCACGTAGATATTTTGACCACTTAGAGGCCTTCTTTGGAAACGGTTTTTTCTC
ATGTAAGGCTAGACAGAAGAATTCCCAGTAACTTCCTTGTGTTGTGTGCATTCAACTCACAGAGTTGAACGTTCCCTTAG
ACAGAGCAGATTTGAAACACTCTATTTGTGCAATTTGCAAGTGTAGATTTCAAGCGCTTTAAGGTCAATGGCAGAAAAGG
AAATATCTTCGTTTCAAAACTAGACAGAATCATTCCCACAAACTGCGTTGTGATGTGTTTGTTCAACTCACAGAGTTTAA
CCTTTCTGTTCATAGAGCAGTTAGGAAACGCTCTGTTTGTAAAGTCTGTAAGTGGATATTCTGACATCTTGTGGCCTTCG
TTGGAAACGGGATTTCTTCCTATTCTGCTAGACAGATGAATTCTCAGTAACTTCCTTGTGTTGTGTATTCAACTCACA
GAGTTGAACGATCCTTTACACAGAGCAGACTTGAAACACTCTTTTTGTGGAATTTGCAAGTGGAGATTTCAGCCGCTTTG
AGGTCAATGGTAGAAAAGGAAATATCTTCGTATAGAAACAAGACAGAATGATTCTCAGAAACTCCTTTGTGATGTGTGCG
TTCAACTCACAGAGTTTAACCTTTCTTTTCATAGAGCAGTTAGGAAACACTCTGTTTGTAAAGTCTGCAAGTGGATATTC
AGACCTCCTTGAGGCCTTCGTTGGAAACGGGATTTCTTCATATTCTGCTAGACAGAAGAATTC
>1 dna:chromosome chromosome:GRCh38:1:1:248956422:1 REF
AGTCCATTCAATGATTCCATTCCAGTCCATTTGATGATT
>1 dna:chromosome chromosome:GRCh38:1:1:248956422:1 REF
GTGTCGCTGGCGAGCCGGAGAGAGAGAGAGCGAGAGCGAGAGAGCGAGCGAGAGAGAGCGAGAGAGCGAGAGAGCGAG
CGAGAGAGAGAGAGAGAGAGAGGAGCCGGCGCGAGAACTACGCATGCGTGTCGGCGTTTTCCCGCCAGCACACTGTTG
GTGGATGGGGGCGA
```
（以下略）

実行は計算負荷はそれほどかからないものの，時間がかかるので注意。また，取得できない配列があることにより以下のようなエラーが出るが，（今回の場合は）無視して良い。
> Error: [blastdbcmd] Skipped Un_KI270742v1

応用例1：予測遺伝子セットの機能アノテーション

実は，BLASTコマンドは複数のqueryのあるmulti-FASTA形式にも対応していて，queryに含まれるエントリすべてに対して順にBLAST検索してくれるようになっている。これを利用して，まだ機能アノテーションがつけられていない遺伝子セットをqueryとし，UniProtやヒトのタンパク質配列セットをDBとしてBLAST検索することで各配列にもっとも類似性の高い配列がわかり，そこから機能を推定することができる。

本節で紹介したBLASTを利用して，研究対象にしている遺伝子配列に類似した配列が，取得してきた配列セットの中にあるか，ある場合はどれぐらい似ているか，などを調べることができる。ここでは，ゲノム配列が決定され，予測遺伝子セットも公開されているニホンミツバチ（*Apis cerana japonica*）を例に説明する（https://www.ddbj.nig.ac.jp/news/ja/2017-07-10.html）。queryとして公開されているニホンミツバチの予測遺伝子セット〔塩基（cDNA）配列セットとアミノ酸配列セット〕，DBとしてヒトタンパク質配列セットを用いる。

まず，queryを取得する。2.5節でダウンロードしたファイルのうち，アミノ酸配列セットである`Supplemental_data_3_aa.fa.gz`を用いる。

```
# BLAST検索するために圧縮を展開しておく*
% pigz -d Supplemental_data_3_aa.fa.gz
# できたファイルをlsで確認
% ls
Supplemental_data_3_aa.fa
# 配列がいくつあるか，数える
% grep -c ^\> Supplemental_data_3_aa.fa
13222
```

`grep`の引数`^\>`の`^`は先頭にマッチ，`\>`は`>`という文字という意味である。`>`はUNIXコマンドラインにおいて特別な意味（リダイレクト）があるため，バックスラッシュ（`\`）をつけてその特別な意味を削ぎ落として単なる文字の`>`としてパターンマッチする，という意味になる。そのため，バックスラッシュをつけることは必須である。なお，このバックスラッシュを忘れてしまった場合，`grep`の結果をリダイレクトするという意味になるため，

`Supplemental_data_3_aa.fa` という名前でファイルへ書き込むことになり，せっかく**ダウンロードしたファイルを破壊してしまうこととなる**ので十分に注意が必要である。また，オプション `-c` はパターンマッチのあった行数をカウントだけするというオプションである。

FASTA 形式では配列データが複数行にわたっていても，ヘッダ行は必ず1行である*。またヘッダ行は **>** からはじまり複数行にわたることはないため，その行を数えることで配列がいくつあるかがわかる。その結果，この例では，該当する行が 13,222 あったため，すなわち遺伝子数としても 13,222 となる。

1行が長く，表示の都合で複数行に渡って表示されている場合があるが，UNIXの世界では「改行」文字が出てくるまでが1行となる。

BLAST 検索するためには DB の index を作る必要がある。そこで，BLAST 検索の対象 DB とするために，ヒトタンパク質配列セットを BLAST 検索用に `makeblastdb` する。2.5 節で取得してきた Ensembl のタンパク質セットに含まれるヒト（*Homo sapiens*）のタンパク質配列（`Homo_sapiens.GRCh38.pep.all.fa.gz`）を利用する。以下のコマンド例では，このファイルが `ensembl_pep-fa` ディレクトリ以下に置かれているものとしていることに注意。

```
# FASTA形式ファイルはgzip圧縮されているのでそれを展開
% pigz -d ensembl_pep-fa/Homo_sapiens.GRCh38.pep.all.fa.gz
# BLAST用のindex作成（タンパク質配列用）
% makeblastdb -in ensembl_pep-fa/Homo_sapiens.GRCh38.pep.all.fa -dbtype prot -hash_index -parse_seqids
```

準備ができたらいよいよ BLAST 検索だ。オプションで `-max_target_seqs 1` とすることで，各 query に対して1つのヒットだけを表示するように制限している。これまでの `-outfmt 7` と若干異なる `-outfmt 6` とすることで，結果にヘッダ行が各検索ごとに出るのを抑制している。

著者のMacBook Pro (Apple M1 Max) の環境では約23分で計算が終了した。

```
# ニホンミツバチ vs. ヒトのタンパク質配列総当たり戦。時間がかかる*
% blastp -query Supplemental_data_3_aa.fa -db ensembl_pep-fa/Homo_sapiens.GRCh38.
pep.all.fa -evalue 1e-10 -num_threads 10 -outfmt 6 -max_target_seqs 1 | pigz -c >
acj_vs_hs.txt.gz
# 得た結果を圧縮をほどきながらみる
% pigz -dc acj_vs_hs.txt.gz | less -S
g1.t1    ENSP00000497018.1    32.372    312     182    7     84     395     449
g1.t1    ENSP00000497018.1    32.154    311     182    6     88     398     369
g1.t1    ENSP00000497018.1    30.114    352     191    9     88     398     341
g1.t1    ENSP00000497018.1    29.904    311     189    8     88     398     425
g1.t1    ENSP00000497018.1    34.706    170     110    1     229    398     314
g1.t1    ENSP00000497018.1    33.714    175     115    1     224    398     253
g2.t1    ENSP00000380315.3    25.451    1163    750    34    372    1498    196
g2.t1    ENSP00000380315.3    26.696    899     543    28    49     920     453
g2.t1    ENSP00000380315.3    26.292    871     530    26    679    1501    418
g2.t1    ENSP00000380315.3    26.873    841     465    24    670    1501    189
g2.t1    ENSP00000380315.3    26.201    687     428    22    820    1501    164
g2.t1    ENSP00000380315.3    25.527    854     527    32    623    1444    503
g2.t1    ENSP00000380315.3    34.884    258     149    6     232    486     423
g2.t1    ENSP00000380315.3    35.055    271     159    6     224    483     1013
g2.t1    ENSP00000380315.3    32.759    290     162    8     224    486     437
g2.t1    ENSP00000380315.3    27.252    444     263    14    49     457     861
g2.t1    ENSP00000380315.3    33.071    254     163    5     236    486     203
g2.t1    ENSP00000380315.3    31.048    248     164    5     242    486     153
g2.t1    ENSP00000380315.3    32.245    245     152    7     247    486     189
（以下略）
```

第1カラムがqueryの配列名，第2カラムがDB中のヒットした配列名である。1つだけのヒットとしたにもかかわらず，1つのquery配列（例えば**g1.t1**）に対して複数行結果が出ているようにみえるだろう。これは，ヒットした相手の配列は1つであるが，局所的アラインメント（local alignment）のため複数の場所にヒットがあり，それがすべて出力されているからそうみえるのである。ここは以下のように処理して，対応関係だけを抽出するとよいだろう。

```
# 展開して，第1，2カラムを抜き出して，ソート＆重複のぞく
% pigz -dc acj_vs_hs.txt.gz | cut -f1,2 | sort -u > acj_vs_hs-uniq.txt
% less acj_vs_hs-uniq.txt
g1.t1      ENSP00000497018.1
g10.t1     ENSP00000423820.1
g1000.t1       ENSP00000448012.1
g10000.t1      ENSP00000375053.4
g10001.t1      ENSP00000387814.1
g10002.t1      ENSP00000217109.4
g10008.t1      ENSP00000368977.1
g10009.t1      ENSP00000449370.1
（以下略）
```

そして，この第1カラム（ニホンミツバチのID）だけを抽出，上記の操作で重複はないはずなのだが，念の為ソート＆重複を除く操作をして，行数を数えると，ヒト遺伝子にヒットのあったニホンミツバチの遺伝子数を数えることができる。

```
# 対応表の第1カラムだけ抽出してその数を数える
% cut -f 1 acj_vs_hs-uniq.txt | sort -u | wc -l
  7945
```

ヒトに類似性のある配列が見つかったニホンミツバチの遺伝子は7,945あった，ということである。ニホンミツバチで予測された遺伝子数が13,222だったので，ヒト遺伝子にヒットのあった遺伝子の割合は，7,945/13,222 ＝ 0.6009 となる。つまり，約6割のニホンミツバチ遺伝子は，ヒト遺伝子と配列類似性があるということがわかる。

■ 応用例2：メタゲノムデータ解析

同様の方法で，研究対象にしている遺伝子配列がメタゲノム解析による配列セットの中にあるか，ある場合はどれぐらい似ていたか，などを調べることができる。

その場合，queryとして研究対象の遺伝子配列（塩基配列もしくはアミノ酸配列）を，DBとしてメタゲノム解析から得られた配列セットを用いる。

SRAからのデータ取得

日本人腸内マイクロバイオーム解析（BioProjectID：**PRJDB3601**）に登録されているSRAデータ，**DRR042266** を例に説明する。このデータは次の研究により報告されたものである。

The gut microbiome of healthy Japanese and its microbial and functional uniqueness Nishijima S. et al. *DNA Research* 2016; 23: 125-133（https://doi.org/10.1093/dnares/dsw002）

このFASTQ形式ファイルをSRAから取得するのに非常に便利なコマンドがある。それは3.1節でも紹介した，NCBIが配布しているSRA Toolkit（https://github.com/ncbi/sra-tools）に含まれているプログラム **fasterq-dump** である。

```
# fasterq-dumpコマンドでSRAファイルを取得＆展開
% fasterq-dump DRR042266
spots read      : 1,137,727
reads read      : 1,137,727
reads written   : 1,137,727
```

SRA RUN IDを指定すると直接NCBIからダウンロードしてきて，FASTQファイルに展開してくれる。通常，この実行は非常に時間がかかる。しかしながら，このメタゲノム配列はNGSデータとしては比較的小さいので，試してみたところ，この例のデータの場合，著者 Dr. Bono の環境でも約10分あまりでデータ取得が完了した。取得したファイルは圧縮されていないFASTQファイル（テキストファイル）である。

以上の手順でデータ取得できない場合は，以下の国立遺伝学研究所にあるDDBJ Sequence Read Archive（DRA）からのSRAファイル取得をおすすめする。SRAファイルは圧縮形式なので，FASTQ形式ファイルを得るためには以下の手順がある。

SRA形式はSequence Read Archive（SRA）で使われている圧縮形式。ファイル自体はバイナリ形式となっている。

```
# DRAからのFTPでのファイル取得
% curl -O ftp://ftp.ddbj.nig.ac.jp/ddbj_database/dra/sralite/ByExp/litesra/
DRX/DRX037/DRX037900/DRR042266/DRR042266.sra
# SRA圧縮されたファイルをfasterq-dumpで展開してFASTQファイルを得る
% fasterq-dump DRR042266.sra
```

FASTQをFASTAに変換

取得してきたデータはFASTQ形式である。しかしながら、FASTA形式のファイルでないとBLAST検索にはかけられない。そこで、FASTQ形式のファイルをFASTA形式に変換する必要がある。

`fastq2fasta`というキーワードでググると、GitHubのページ（https://github.com/dantaki/fastq2fasta）がヒットしてくる。このページの説明を読むと、どうやらFASTQ形式からFASTA形式への変換をするC++のコードがアップロードされているようである。このコードをコンパイルして使うとその変換ができそうな感じである。

> FASTQ形式については、『Dr. Bonoの生命科学データ解析 第2版』のp.105「FASTQ形式」も参照。

 **Dr. Bonoから**
「ググる」はインターネット検索するという意味。「すでに誰かがプログラムを作っているかも」と意識することは大事。

```
# GitHubからgit cloneコマンドを使ってソースツリーをコピーしてくる
% git clone https://github.com/dantaki/fastq2fasta.git
# 取ってきたコードのディレクトリに移る
% cd fastq2fasta
# どういったファイルがあるか見る
% ls -R
.:
README.md    src/
./src:
fastq2fasta.cpp
# srcディレクトリ以下にあるC++のコードをコンパイルする
% g++ src/fastq2fasta.cpp -o fastq2fasta
# コンパイルしたバイナリを実行してファイル形式を変換する
% ./fastq2fasta -i ../DRR042266.fastq -o ../DRR042266.fa
# 親ディレクトリに戻る
% cd ..
```

BLAST検索

BLAST検索するためにはDBはインデックスする必要がある。以下のコマンドでBLASTのindexを作成する。

```
# BLAST検索用のindex作成
% makeblastdb -in DRR042266.fa -dbtype nucl -hash_index -parse_seqids
```

実際の検索は，queryが塩基配列の場合は`tblastx`，アミノ酸配列の場合は`tblastn`を使えばよい。

```
# queryが塩基配列の場合
% tblastx -query LC170036.fasta -db DRR042266.fa -evalue 1e-5 -num_threads 4 -outfmt 7 -out LC170036_vs_metagenome.txt
# queryがアミノ酸配列の場合
% tblastn -query HIF1_CAEEL.fasta -db DRR042266.fa -evalue 1e-5 -num_threads 4 -outfmt 7 -out HIF1_CAEEL_vs_metagenome.txt
```

← ここでqueryとして使っている`LC170036.fasta`と`HIF1_CAEEL.fasta`は，p.73「2.5 公共データベースからのデータ取得」の「TOGOWSによる個別の塩基配列取得」で取得方法を説明している。

また，逆に`DRR042266.fa`をqueryとすることも可能である。DBに何を使うかでいろんな解析が考えられる。塩基配列レベルの解析として，ヒト腸内細菌のメタゲノム解析の場合に，DBにヒトゲノム配列を使うことで，どういったヒト由来配列が混入しているのかを調べられるだろう。メタゲノムから得られたリードをすべてqueryにするために，上記のBLAST検索と比較すると，非常に時間がかかるので要注意。

```
# ヒト遺伝子の混入を調べる
% blastn -query DRR042266.fa -db Homo_sapiens.GRCh38.dna.toplevel.fa -evalue 1e-50 -num_threads 4 -outfmt 6 -out metagenome_vs_human.txt
# 結果を見る
% less -S metagenome_vs_human.txt
```

← ここでDBとして使っている`DRR042266.fa`と`Homo_sapiens.GRCh38.dna.toplevel.fa`は，p.78「DBそのものの取得」で取得方法を，p.103「BLAST用DBの作成」でBLAST検索用indexの作り方を説明している。

■ 応用例3：ローカルにBLASTウェブサーバーを立てる

ローカルBLASTによる出力結果は，前述のメタゲノム配列を使った例でもみたように，テキストだけではっきりいって人間には見づらい。それを見やすくする可視化ツールとして，sequenceserverを紹介する。この

sequenceserverはRuby言語で書かれており，コマンドラインで大規模な計算をする前の条件検討として，スモールスケールでテストランをする際に重宝する．

sequenceserverはDockerを使って，自らのシステムにインストールすることなく起動することができる．

```
# sequenceserver起動
% cd ~/Documents/datadojo/
% docker run --rm -ti -p 4567:4567 -v $(pwd):/db wurmlab/sequenceserver
```

上記のコマンドでsequenceserverを起動しても特に何も起きないので，ウェブブラウザ上でhttp://localhost:4567と入力しアクセスする．すると，図3.8に示すようなページが現れる．このウェブページのアドレスの`localhost`は自分のPCのことである．自分のPC上でウェブサーバーが起動しており，それにアクセスしているわけである．`:4567`はポート番号といっ

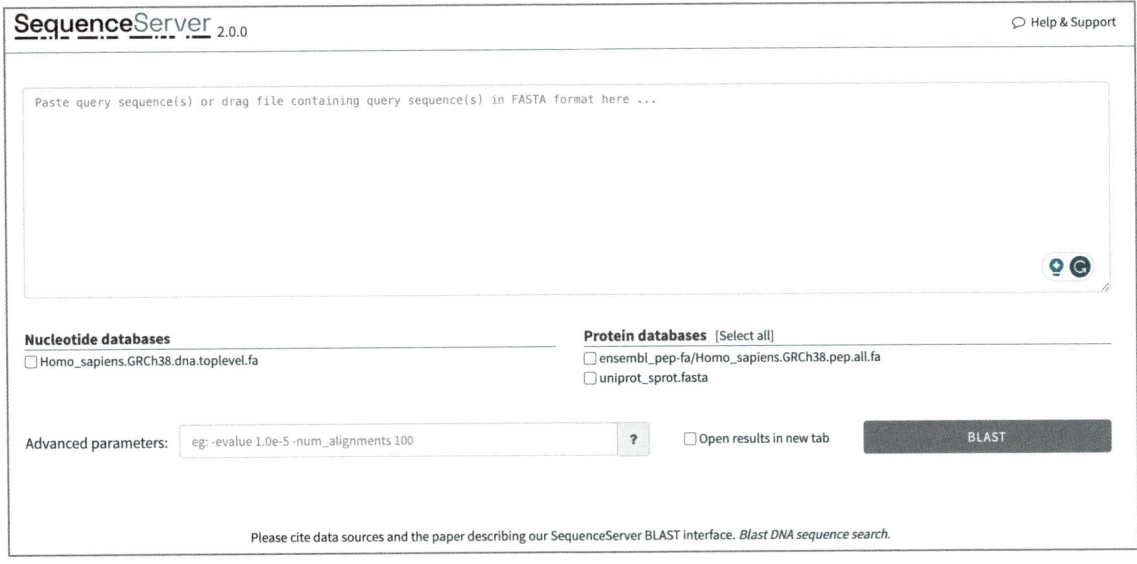

図3.8　sequenceserver sequenceserverを起動した画面．query配列をペーストし，DBにチェックを入れると，その組み合わせでBLAST検索がローカルで実行できる．

て，アクセスしている先がhttpのデフォルトの80番ではなく，別のポートにアクセスすることを指定している。

`${pwd):/db`と指定し，カレントディレクトリがDockerの仮想環境上では`/db`（配列データベースが格納されたディレクトリ）として参照されるようにした結果，塩基配列DBとしてはヒトゲノム配列，タンパク質配列としては`ensembl_pep-fa/`ディレクトリの中のヒトタンパク質配列とUniProtの配列が選択できるようになっている。指定したディレクトリだけではなく，その配下のディレクトリ中のファイルまで再帰的（recursive）に探索されてリストアップされるのは便利である。それは，すでにBLAST検索用のindexがそれらのFASTAファイルに対して作成されていたからで，ここに表示されるにはそれらのindexを作成しておかなければならない。その証拠に，`ensembl_pep-fa/`ディレクトリにはほかにもたくさんの生物種のタンパク質配列を取得してきてあるはずなのに表示されていない。それも検索対象にしたい場合には，それらに対してもBLAST検索用のindexを作成しておけばよい。そのためには以下のようなコマンドで，まず圧縮を解き，`makeblastdb`を実行し，再度圧縮をかける，ということをすべてのファイルに対して行えばよい。

> **GitHub ファイル取得**
>
> このファイル`makeblastdb.sh`は，DrBonoDojo GitHubの3-2ディレクトリに置いてある。
> https://github.com/bonohu/DrBonoDojo2/blob/master/3-2/makeblastdb.sh

```
# ensembl_pep-faディレクトリ以下の.fa.gzで終わる全てのファイルに対して以下の処理を実行
% for fa in ensembl_pep-fa/*.fa.gz;
do
 g="${fa%.gz}"
 pigz -d $fa
 makeblastdb -in $g -dbtype prot -hash_index -parse_seqids
 pigz $g
done
```

すでに`sequenceserver`が起動したままであれば，「ターミナル」のウインドウをクリックしてアクティブにして，Ctrl-cで1度プロセスを終了してから，再度`sequenceserver`を起動する。

```
# sequenceserverを再起動
% docker run --rm -ti -p 4567:4567 -v $(pwd):/db wurmlab/sequenceserver
```

これをしないと新規に index を作成した DB が認識されないので要注意。そうすると，図 3.9 のように取得してきたタンパク質配列 DB すべてが BLAST できるようになったウェブインターフェースが出現する（**sequenceserver** の詳しい使い方は統合 TV 参照）。

統合 TV

「SequenceServerを使って自分のPCで簡単BLAST検索」
https://doi.org/10.7875/togotv.2016.053

図3.9　DBが追加されたsequenceserver

3.3 系統樹作成

　分子系統樹作成は，2023年現在，数百遺伝子が対象であっても，全てGUIで行うことが可能である。そのような背景もあって，コマンドラインデータ解析スキルとしての分子系統樹作成は，それほど重要視されていない。現状では，NGSデータ解析に必要なコマンドライン操作の影に隠れてしまっているが，かつてはバイオインフォマティクスの本には必ず書いてあったスキルであった。

　しかしながら，ヒトゲノムが解読されて20年以上経つが，分子系統樹を作成する需要は減るどころか増えてきている。メタゲノム解析による代謝酵素遺伝子の配列解析や，ヒト疾患新規モデル動物の配列解読など，その用途はさまざまである。

　そこで本節では，分子系統樹を単にコマンドラインで作成する手順だけではなく，注目している遺伝子と似た配列を公共データベースから取得し，それらを合わせて分子系統樹を描画する方法について紹介する。

■ 多重配列アラインメントと分子系統樹

> 多重配列アラインメントと分子系統樹については，『Dr. Bonoの生命科学データ解析第2版』のp.141「多重配列アラインメントと系統樹」も参照。

　多重配列アラインメント（multiple sequence alignment）は3本以上の配列を比べて，できる限りギャップを入れないようにして，似たアミノ酸（もしくは塩基）を並べる方法である。分子系統樹を作成するためには，まず多重配列アラインメントを行う必要がある（図3.10）。

　図3.3に示したように，興味ある配列をqueryにBLAST検索をしてDBから配列取得し，多重配列アラインメントを実行して系統樹作成，問題があれば多重配列アラインメントをやり直す，という流れで分子系統樹を作成する。

■ 配列取得

　まず最初に系統樹に入れる遺伝子の配列を取得する。公共配列データベースから取得してくることになるであろう。その際に気をつけるべきこととやり方を以下に示す。

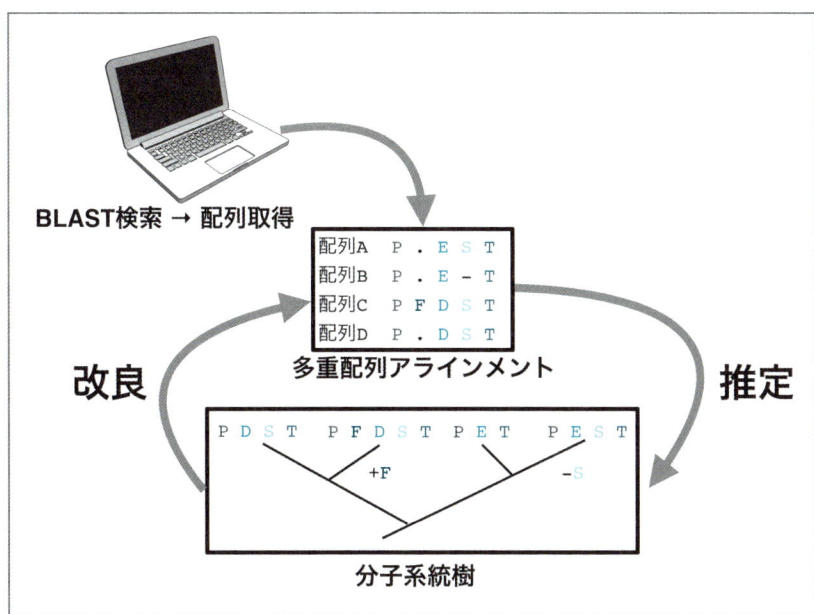

図3.10 分子系統樹を作成するためのデータ解析の流れ
興味ある配列をqueryにBLAST検索してDBから配列取得し,多重配列アラインメントを実行して系統樹作成する。

混ぜるな危険

　塩基配列とアミノ酸配列を混ぜてはいけない。アミノ酸配列と決めたら,アミノ酸配列ばかりを集めてくるようにすることをお忘れなく。アミノ酸配列レベルではほぼ同一で,お互いに非常によく似た配列を比較する場合にはもちろん,塩基配列でもよい。ただ,そこまで配列が似ていない多くの場合,アミノ酸配列を比較して系統樹を作成するのが通常である。

1エントリごとに,こまめに集めてくる

　FASTA形式の配列情報を集めて,多重配列アラインメントを実行するためのファイルを作成するのが基本である。

　論文などにある情報をもとにウェブサイトから収集してくるわけであるが,NCBIで維持されている異なる生物種間で配列相同性をもつ遺伝子(ホモログと呼ぶ)グループのデータベースHomologeneを利用するのもよいだろう。例えば,次のURLにアクセスすると,*HIF1A*遺伝子のホモロググループを見ることができる。

> Homologeneについては,『Dr. Bonoの生命科学データ解析第2版』のp.36「使いやすさのための二次データベース」も参照。

https://www.ncbi.nlm.nih.gov/homologene/?term=HIF1A

このページから各生物の *HIF1A* 遺伝子の FASTA 形式のアミノ酸配列データをダウンロードし，それらの個々のファイルを `cat` コマンドで連結して，最終的に multi-FASTA 形式のファイルを作成する．この例では 2 つのファイルだが，3 つ以上のファイルの連結も可能である．

```
% cat HIF1_CAEEL.fasta homologene.txt > HIF1A_aa.fasta
```

配列類似性検索で集めてくる

分子系統樹を書こうというからには，注目している遺伝子があるはずであろう．ここでは，3.1 節で例にあげた *C. elegans* の *HIF1* 遺伝子のアミノ酸配列（`HIF1_CAEEL.fasta`）を使って説明する．

この配列を query として，UniProtKB に対する BLAST 検索で集めてくるやり方について解説する．query が塩基配列の場合 `blastx`，アミノ酸配列の場合 `blastp` 検索をすることになるが，今回はアミノ酸配列なので，`blastp` を使う．

> **GitHub ファイル取得**
>
> これらのファイル `HIF1_CAEEL.fasta`, `homologene.txt` は，DrBonoDojo2 GitHub の 3-3 ディレクトリに置いてある．
> https://github.com/bonohu/DrBonoDojo2/blob/master/3-3/

```
# blastpでUniProtに対して配列類似性検索を実行
% blastp -query HIF1_CAEEL.fasta -db uniprot_sprot.fasta -evalue 1 -num_threads 4 -out blastp-out2.txt
# 得られたBLASTの結果を見る
% less blastp-out2.txt
BLASTP 2.14.0+


Reference: Stephen F. Altschul, Thomas L. Madden, Alejandro A.
Schaffer, Jinghui Zhang, Zheng Zhang, Webb Miller, and David J.
Lipman (1997), "Gapped BLAST and PSI-BLAST: a new generation of
protein database search programs", Nucleic Acids Res. 25:3389-3402.


Reference for composition-based statistics: Alejandro A. Schaffer,
L. Aravind, Thomas L. Madden, Sergei Shavirin, John L. Spouge, Yuri
I. Wolf, Eugene V. Koonin, and Stephen F. Altschul (2001),
"Improving the accuracy of PSI-BLAST protein database searches with
```

```
composition-based statistics and other refinements", Nucleic Acids
Res. 29:2994-3005.



Database: uniprot_sprot.fasta
           567,483 sequences; 204,940,973 total letters



Query= sp|G5EGD2|HIF1_CAEEL Hypoxia-inducible factor 1 OS=Caenorhabditis
elegans OX=6239 GN=hif-1 PE=1 SV=1

Length=719
                                                                      Score        E
Sequences producing significant alignments:                           (Bits)    Value

G5EGD2 Hypoxia-inducible factor 1 OS=Caenorhabditis elegans OX=62...   1498      0.0
Q0PGG7 Hypoxia-inducible factor 1-alpha OS=Bos mutus grunniens OX...    181     2e-46
Q9XTA5 Hypoxia-inducible factor 1-alpha OS=Bos taurus OX=9913 GN=...    180     2e-46
Q61221 Hypoxia-inducible factor 1-alpha OS=Mus musculus OX=10090 ...    179     4e-46
Q9YIB9 Hypoxia-inducible factor 1-alpha OS=Gallus gallus OX=9031 ...    179     7e-46
Q16665 Hypoxia-inducible factor 1-alpha OS=Homo sapiens OX=9606 G...    177     3e-45
Q309Z6 Hypoxia-inducible factor 1-alpha OS=Eospalax fontanierii b...    176     5e-45
O35800 Hypoxia-inducible factor 1-alpha OS=Rattus norvegicus OX=1...    175     2e-44
Q9JHS2 Hypoxia-inducible factor 3-alpha OS=Rattus norvegicus OX=1...    173     2e-44
Q0VBL6 Hypoxia-inducible factor 3-alpha OS=Mus musculus OX=10090 ...    169     6e-43
Q9Y2N7 Hypoxia-inducible factor 3-alpha OS=Homo sapiens OX=9606 G...    167     1e-42
Q99814 Endothelial PAS domain-containing protein 1 OS=Homo sapien...    168     3e-42
Q98SW2 Hypoxia-inducible factor 1-alpha OS=Oncorhynchus mykiss OX...    164     3e-41
P97481 Endothelial PAS domain-containing protein 1 OS=Mus musculu...    164     5e-41
Q9JHS1 Endothelial PAS domain-containing protein 1 OS=Rattus norv...    163     1e-40
Q24167 Protein similar OS=Drosophila melanogaster OX=7227 GN=sima...    163     3e-40
Q9I8A9 Hypoxia-inducible factor 1-alpha OS=Xenopus laevis OX=8355...    140     4e-33
（以下略）
```

スペースの関係上，ここには結果すべての引用はできないが，上記に引用されているリストだけでなく，下のほうに出ているアラインメントも，系統樹作成に含めるかどうかの取捨選択の際には参考にすべきである。

ここから，系統樹に入れるべき遺伝子の ID を改行区切りでリストにした，ファイル（**oreno_aa.txt**）を作成していく．その際，**G5EGD2** からはじま

る自分自身のエントリへのヒットが書かれた部分から下をコピーし，まず **pre_aa.txt** というファイルを作る。系統樹に入れるべきエントリの取捨選択は自由であるが，今回は，**Hypoxia-inducible factor 1-alpha** というアノテーション情報があるエントリだけをとることとする。そういう基準とすれば，**pre_aa.txt** は以下のような内容となるだろう。

pre_aa.txt

```
G5EGD2  Hypoxia-inducible factor 1 OS=Caenorhabditis elegans OX=62...      1498    0.0
Q0PGG7  Hypoxia-inducible factor 1-alpha OS=Bos mutus grunniens OX...       181    2e-46
Q9XTA5  Hypoxia-inducible factor 1-alpha OS=Bos taurus OX=9913 GN=...       180    2e-46
Q61221  Hypoxia-inducible factor 1-alpha OS=Mus musculus OX=10090 ...       179    4e-46
Q9YIB9  Hypoxia-inducible factor 1-alpha OS=Gallus gallus OX=9031 ...       179    7e-46
Q16665  Hypoxia-inducible factor 1-alpha OS=Homo sapiens OX=9606 G...       177    3e-45
Q309Z6  Hypoxia-inducible factor 1-alpha OS=Eospalax fontanierii b...       176    5e-45
O35800  Hypoxia-inducible factor 1-alpha OS=Rattus norvegicus OX=1...       175    2e-44
Q9JHS2  Hypoxia-inducible factor 3-alpha OS=Rattus norvegicus OX=1...       173    2e-44
Q0VBL6  Hypoxia-inducible factor 3-alpha OS=Mus musculus OX=10090 ...       169    6e-43
Q9Y2N7  Hypoxia-inducible factor 3-alpha OS=Homo sapiens OX=9606 G...       167    1e-42
Q99814  Endothelial PAS domain-containing protein 1 OS=Homo sapien...       168    3e-42
Q98SW2  Hypoxia-inducible factor 1-alpha OS=Oncorhynchus mykiss OX...       164    3e-41
P97481  Endothelial PAS domain-containing protein 1 OS=Mus musculu...       164    5e-41
Q9JHS1  Endothelial PAS domain-containing protein 1 OS=Rattus norv...       163    1e-40
Q24167  Protein similar OS=Drosophila melanogaster OX=7227 GN=sima...       163    3e-40
Q9I8A9  Hypoxia-inducible factor 1-alpha OS=Xenopus laevis OX=8355...       140    4e-33
```

GitHub ファイル取得

このファイル **pre_aa.txt** は，DrBonoDojo2 GitHub の 3-3 ディレクトリに置いてある。
https://github.com/bonohu/DrBonoDojo2/blob/master/3-3/pre_aa.txt

この中で配列取得に必要なのは一番左側の ID の情報だけである。このファイルをスペースでカラム（列）が区切られたファイルとして扱い，1番目のカラムの情報だけ抜き出すことをすれば，ID の情報だけがとれるであろう。以下のように **awk** のコマンドを使うとそれが簡単に実現できる。

```
# awkで第1カラムだけを抜き出し
% awk '{ print $1 }' pre_aa.txt
G5EGD2
Q0PGG7
Q9XTA5
Q61221
Q9YIB9
Q16665
Q309Z6
```

```
O35800
Q9JHS2
Q0VBL6
Q9Y2N7
Q99814
Q98SW2
P97481
Q9JHS1
Q24167
Q9I8A9
```

IDだけちゃんと抜き出せていることが確認できたので，これを **oreno_aa.txt** に書き込む．

```
# リダイレクトを使って，出力結果をoreno_aa.txtに書き込む
% awk '{ print $1 }' pre_aa.txt > oreno_aa.txt
```

このリストにある ID をもつアミノ酸配列を **blastdbcmd** を使って組織的に取得する．オプションとして，検索対象ファイル（＝類似性検索を行ったDB）を指定する（**-db uniprot_sprot.fasta**）ほか，取得する ID の書かれたファイルを指定する（**-entry_batch oreno_aa.txt**）のが本操作の肝である．リダイレクトを使って，出力の **oreno_aa.fasta** ファイルに書き込む．

```
# ファイルに書き込まれたIDをもつエントリのFASTAファイルを抜き出す
% blastdbcmd -db uniprot_sprot.fasta -entry_batch oreno_aa.txt > oreno_aa.fasta
# 出力を確認
% less oreno_aa.fasta
>G5EGD2 Hypoxia-inducible factor 1 OS=Caenorhabditis elegans OX=6239 GN=hif-1 PE=1
SV=1
MEDNRKRNMERRRETSRHAARDRRSKESDIFDDLKMCVPIVEEGTVTHLDRIALLRVAATICRLRKTAGNVLENNLDNEI
TNEVWTEDTIAECLDGFVMIVDSDSSILYVTESVAMYLGLTQTDLTGRALRDFLHPSDYDEFDKQSKMLHKPRGEDTDTT
GINMVLRMKTVISPRGRCLNLKSALYKSVSFLVHSKVSTGGHVSFMQGITIPAGQGTTNANASAMTKYTESPMGAFTTRH
TCDMRITFVSDKFNYILKSELKTLMGTSFYELVHPADMMIVSKSMKELFAKGHIRTPYYRLIAANDTLAWIQTEATTITH
TTKGQKGQYVICVHYVLGIQGAEESLVVCTDSMPAGMQVDIKKEVDDTRDYIGRQPEIVECVDFTPLIEPEDPFDTVIEP
VVGGEEPVKQADMGARKNSYDDVLQWLFRDQPSSPPPARYRSADRFRTTEPSNFGSALASPDFMDSSRTSRPKTSYGRR
AQSQGSRTTGSSSTSASATLPHSANYSPLAEGISQCGLNSPPSIKSGQVVYGDARSMGRSCDPSDSSRRFSALSPSDTLN
VSSTRGINPVIGSNDVFSTMPFADSIAIAERIDSSPTLTSGEPILCDDLQWEEPDLSCLAPFVDTYDMMQMDEGLPPELQ
ALYDLPDFTPAVPQAPAARPVHIDRSPPAKRMHQSGPSDLDFMYTQHYQPFQQDETYWQGQQQQNEQQPSSYSPFPMLS
```

```
>Q0PGG7 Hypoxia-inducible factor 1-alpha OS=Bos mutus grunniens OX=30521 GN=HIF1A
PE=2 SV=1
MEGAGGANDKKKISSERRKEKSRDAARSRRSKESEVFYELAHQLPLPHNVSSHLDKASVMRLTISYLRVRKLLDAGDLDI
EDEMKAQMNCFYLKALDGFVMVLTDDGDMIYISDNVNKYMGLTQFELTGHSVFDFTHPCDHEEMREMLTHRNGLVKKGKE
QNTQRSFFLRMKCTLTSRGRTMNIKSATWKVLHCTGHIHVYDTNSNQSQCGYKKPPMTCLVLICEPIPHPSNIEIPLDSK
TFLSRHSLDMKFSYCDERITELMGYEPEELLGRSIYEYYHALDSDHLTKTHHDMFTKGQVTTGQYRMLAKKGGYVWIETQ
ATVIYNTKNSQPQCIVCVNYVVSGIIQHDLIFSLQQTECVLKPVESSDMKMTQLFTKVESEDTSSLFDKLKKEPDALTLL
APAAGDTIISLDFGSNDTETDDQQLEEVPLYNDVMLPSSNEKLQNINLAMSPLPASETPKPLRSSADPALNQEVALKLEP
NPESLGLSFTMPQIQDQPASPSDGSTRQSSPEPNSPSEYCFDVDGDMVNEFKLELVEKLFAEDTEAKNPFSTQDTDLDLE
MLAPYIPMDDDFQLRSFDQLSPLENSSTSPQSASTNTVFQPTQMQEPPIATVTTTATSDELKTVTKDGMKDIKILIAFPS
PPHVPKEPPCATTSPYSDTGSRTASPSRAGKGVIEQTEKSHPRSPNVLSVALSQRTTAPEEELNPKILALQNAQRKRKIE
HDGSLFQAVGIGTLLQQPDDRATTTSLSWKRVKGCKSSEQNGMEQKTIILIPSDLVCRLLGQSMDESGLPQLTSYDCEVN
APIQGSRNLLQGEELLRALDQVN
>Q9XTA5 Hypoxia-inducible factor 1-alpha OS=Bos taurus OX=9913 GN=HIF1A PE=2 SV=1
MEGAGGANDKKKISSERRKEKSRDAARSRRSKESEVFYELAHQLPLPHNVSSHLDKASVMRLTISYLRVRKLLDAGDLDI
```
（以下略）

出力は，複数のFASTA形式のファイルが連結されたmulti-FASTA形式のファイルとなっている。このmulti-FASTA形式は単にFASTA形式と呼ぶことが多く，本書でも特に断らない限り，FASTA形式と呼ぶことにする。

■ 多重配列アラインメントの実行

最近では，ClustalWの後継プログラムであるClustal Omegaがよく用いられている。Biocondaで簡単にインストールすることができる*。

執筆時点では，Apple silicon macではBiocondaを使ってインストールできないので以下のようにHomebrewを使ってインストールした。
% `brew install clustal-omega`

```
# condaでClustal Omegaをインストール
% conda install clustalo
```

Clustal Omegaのコマンド名は，`clustalo`である。基本的には，入力にFASTAファイルを指定（`-i oreno_aa.fasta`）し，出力ファイル名を指定（`-o oreno_clustalo.fasta`）して実行するだけである。

何て呼んだらいいの
ClustalW
「クラスタルダブリュー」
Clustal Omega
「クラスタルオメガ」

◁◁ 多重配列アラインメントについては，『Dr. Bonoの生命科学データ解析第2版』のp.141「多重配列アラインメントと系統樹」も参照。

```
# 多重配列アラインメント実行
% clustalo -i oreno_aa.fasta -o oreno_clustalo.fasta
# 出力結果を確認
% less oreno_clustalo.fasta
>G5EGD2 Hypoxia-inducible factor 1 OS=Caenorhabditis elegans OX=6239 GN=hif-1 PE=1
SV=1
------------------------------------------------------------
-MEDNRKRNMERRRETSRHAARDRRSKESDIFDDLKMCVPIVEEGTVTHLDRIALLRVAA
TICRLRKTAGNVLENN-L------------------DNEITNEVWTED-----TIAECL
DGFVMIVDSDSSILYVTESVAMYLGLTQTDLTGRALRDFLHPSDYDEFDKQSKMLHKP--
-----R-----GEDTDTTGINMVLRMKTVISPRGRCLNLKSALYKSVSF------LVHSKV
STGGHVSFMQGITIPAGQGTTNANASA---------MTKYTESP--MGAFTTRHTCDMRI
TFVSDKFNYILKSELKTLMGTSFYELVHPADMMIVSKSMKELFAKGHIRTPYYRLIAAND
TLAWIQTEATTITHTTKGQKGQYVICVHYVLGIQGAEESLVVCTDSMPAGMQVDIKKEVD
DT--RDYIGRQPEIVECVD----FT-----------------------------PLIEP
EDPFDTVIEPVVG--GEEPVKQADMGAR-----------KNSYDDVLQ-----WLFRD-Q
PSSPPPARYR--SADRFRTTEPSNFGSALASPDFMDSSRTSRPKTSYGRRAQS-------
------------------QGSRT-TGSSSTSASATLPHSANYSPLAEGISQCGLNSPPSI
KSGQVV----YGDARS------------------------------------MG------
-------RSCDPSDSSRRFS------------------------ALSPSDTL--------
-------------------------NVSSTRGINPVIGSNDVFSTMPFADSIAIAERID
SSPTLTSGEPILCDD------LQWEEPDLSCLAPFVDTYD-MMQMDEGLPPELQALYDLP
DFTPAVPQAPAARPVHIDRSPPAKRMHQSGPSDLDF-------MYTQHYQPFQQDETYWQ
GQQQQNEQQPSSYSPFPMLS-----------------------------------------
------------------------------------------------------------
------------------------------------------------------------
------------------------------------------------------------
------------------------------------------------------------
------------------------------------------------------------
------------------------------------------------------------
------------------------------------------------------------
------------------------------------------------------------
------------------------------------------------------------
------------------------------------------------------------
--------------------------------
>Q0PGG7 Hypoxia-inducible factor 1-alpha OS=Bos mutus grunniens OX=30521 GN=HIF1A
PE=2 SV=1
--------------------------------------------------MEG-AG
GANDKKKISSERRKEKSRDAARSRRSKESEVFYELAHQLPLP-HNVSSHLDKASVMRLTI
SYLRVRKLLDAGD--LDIEDEM----------------------KAQMNCFYLKAL
DGFVMVLTDDGDMIYISDNVNKYMGLTQFELTGHSVFDFTHPCDHEEMREMLTHRNGL--
VKKGK--------EQNTQRSFFLRMKCTLTSRGRTMNIKSATWKVLHC------TGHIHV
YDTNS-------NQSQ-CGYKKPPMTCLVLICEPIPHPSNIEIPLDSKTFLSRHSLDMKF
SYCDERITELMGYEPEELLGRSIYEYYHALDSDHLTKTHHDMFTKGQVTTGQYRMLAKKG
```

```
GYVWIETQATVIY-NTKNSQPQCIVCVNYVVSGIIQHDLIFSLQQTECV-----------
-----------------------LKPVESSDMKMTQLFT---KVES-EDTSSLFDKLKKE
PDA-LTLLAPAA----GDTIISLDFGSNDTETDDQQLEEVPLYNDVMLPSSNEKLQNINL
AMSPLPASETPKPLRSSADPALN-----QEVALKLEPNPESLGLSFTMPQIQDQP-----
------------------------ASPSDGSTR--QSSPE--------------PNSP--
---SEYCFDVDGDMV---------------------------------------------
------------------------------------------------------------
-----------------------------NEFKLELVEKLFAEDTEAK-------------
---------------NPFSTQ-D-TDLDLEMLAPYIPMDD-DFQLRS--------FDQL-
--SPLENSST-------------SPQSAS---TNTVFQPTQMQEPPIATVTT-----TAT
SDE-LK-TVTKDGMKDIKILIAFPSPP-------------------------HV-PKE
PPC-ATTSPYSDTGSRTASPSRA----GKG---VIEQT---------E---KSHPRSPNV
LSV---A-LSQRTT--------------APEEELNPKILAL-QN-AQRKRKIEHDGSLF
QAVGIGTLLQQPDDRATTTSLSWKRVKGCKSSEQNGMEQKT-------------------
------------------------------------------------II------
---LIPSDLVCRLLG----------------Q-----------SMDESG---------
-------------LPQLTSYDCEVNAP----IQGSRN-LL------------QGEELLRA
L--------------DQVN-----------------------------------------
------------------------------------------------------------
------------------------------------------------------------
------------------------------------
>Q9XTA5 Hypoxia-inducible factor 1-alpha OS=Bos taurus OX=9913 GN=HIF1A PE=2 SV=1
----------------------------------------------------MEG-AG
GANDKKKISSERRKEKSRDAARSRRSKESEVFYELAHQLPLP-HNVSSHLDKASVMRLTI
SYLRVRKLLDAGD--LDIEDEM------------------------KAQMNCFYLKAL
DGFVMVLTDDGDMIYISDNVNKYMGLTQFELTGHSVFDFTHPCDHEEMREMLTHRNGL--
（以下略）
```

　出力ファイルもFASTAファイルであるが，多重配列アラインメントされた結果，ギャップの入ったFASTAファイルとなっている．なお，ギャップは-で表現されている．アラインメントされた結果は，このギャップ入りFASTAファイルのままでは人間にとっては見づらいので，次節で紹介する多重配列アラインメントビューワーで可視化する．

　なお，ClustalW互換で結果を出力するオプションがあり，以下のように**--outfmt=clustal**と指定する．

```
# 多重配列アラインメント実行（ClustalWスタイル）
% clustalo -i oreno_aa.fasta --outfmt=clustal > oreno_clustalo.aln
# 出力結果を確認
% less oreno_clustalo.aln
CLUSTAL O(1.2.4) multiple sequence alignment


G5EGD2          ------------------------------------------------------------
Q0PGG7          ---------------------------------------------------------MEG-AG
Q9XTA5          ---------------------------------------------------------MEG-AG
Q61221          ---------------------------------------------------------ME-GAG
Q9YIB9          ---------------------------------------------------------MDSPG
Q16665          ---------------------------------------------------------MEG-AG
Q309Z6          ---------------------------------------------------------MEGAAG
O35800          ---------------------------------------------------------ME-GAG
Q9JHS2          ------------------------------------------------------------
Q0VBL6          ------------------------------------------------------------
Q9Y2N7          ------------------------------------------------------------MA
Q99814          ------------------------------------------------------------MT
Q98SW2          ---------------------------------------------------------MDTGV
P97481          ------------------------------------------------------------MT
Q9JHS1          ------------------------------------------------------------MT
Q24167          MVSLIDTIEAAAEKQKQSQAVVTNTSASSSSCSSSFSSSPPSSSVGSPSPGAPKTNLTAS
Q9I8A9          -------------------------------------------------------MEGSV


G5EGD2          -MEDNRKRNMERRRETSRHAARDRRSKESDIFDDLKMCVPIVEEGTVTHLDRIALLRVAA
Q0PGG7          GANDKKKISSERRKEKSRDAARSRRSKESEVFYELAHQLPLP-HNVSSHLDKASVMRLTI
Q9XTA5          GANDKKKISSERRKEKSRDAARSRRSKESEVFYELAHQLPLP-HNVSSHLDKASVMRLTI
Q61221          GENEKKKMSSERRKEKSRDAARSRRSKESEVFYELAHQLPLP-HNVSSHLDKASVMRLTI
Q9YIB9          GVTDKKRISSERRKEKSRDAARCRRSKESEVFYELAHQLPLP-HTVSAHLDKASIMRLTI
Q16665          GANDKKKISSERRKEKSRDAARSRRSKESEVFYELAHQLPLP-HNVSSHLDKASVMRLTI
Q309Z6          GEEKKNRMSSERRKEKSRDAARSRRSKESEVFYELAHQLPLP-HNVSSHLDKASVMRLTI
O35800          GENEKKKMSSERRKEKSRDAARSRRSKESEVFYELAHQLPLP-HNVSSHLDKASVMRLTI
Q9JHS2          MDWDQDRSSTELRKEKSRDAARSRRSQETEVLYQLAHTLPFA-RGVSAHLDKASIMRLTI
Q0VBL6          MDWDQDRSNTELRKEKSRDAARSRRSQETEVLYQLAHTLPFA-RGVSAHLDKASIMRLTI
Q9Y2N7          LGLQRARSTTELRKEKSRDAARSRRSQETEVLYQLAHTLPFA-RGVSAHLDKASIMRLTI
Q99814          ADKEKKRSSSERRKEKSRDAARCRRSKETEVFYELAHELPLP-HSVSSHLDKASIMRLAI
Q98SW2          VPEKKSRVSSDRRKEKSRDAARCRRGKESEVFYELAQELPLP-HSVTSNLDKASIMRLAI
P97481          ADKEKKRSSSELRKEKSRDAARCRRSKETEVFYELAHELPLP-HSVSSHLDKASIMRLAI
Q9JHS1          ADKEKKRSSSELRKEKSRDAARCRRSKETEVFYELAHELPLP-HSVSSHLDKASIMRLAI
Q24167          GKPKEKRRNNEKRKEKSRDAARCRRSKETEIFMELSAALPLK-TDDVNQLDKASVMRITI
```

```
Q9I8A9      VVSEKKRISSERRKEKSRDAARCRRSNESEVFYELSHELPLP-HNVSSHLDKASIMRLDH
            ..  :  .  :  *:*.**.*** **.:*::::  :*       :*:           :**:  :::*:


G5EGD2      TICRLRKTAGNVLENN-L------------------DNEITNEVWTED-----TIAECL
Q0PGG7      SYLRVRKLLDAGD--LDIEDEM------------------------KAQMNCFYLKAL
Q9XTA5      SYLRVRKLLDAGD--LDIEDEM------------------------KAQMNCFYLKAL
Q61221      SYLRVRKLLDAGG--LDSEDEM------------------------KAQMDCFYLKAL
Q9YIB9      SYLRMRKLLDAGE--LETEANM------------------------EKELNCFYLKAL
Q16665      SYLRVRKLLDAGD--LDIEDDM------------------------KAQMNCFYLKAL
Q309Z6      SYLRVRKLLDAGD--LDIEDDM------------------------KAQMNCFYLKAL
O35800      SYLRVRKLLDAGD--LDIEDEM------------------------KAQMNCFYLKAP
Q9JHS2      SYLRMHRLCAAGE--WNQVRKE------------------------GEPLDACYLKAL
Q0VBL6      SYLRMHRLCAAGE--WNQVEKG------------------------GEPLDACYLKAL
Q9Y2N7      SYLRMHRLCAAGE--WNQVGAG------------------------GEPLDACYLKAL
Q99814      SFLRTHKLLSSVCSENESEAEA------------------------DQQMDNLYLKAL
Q98SW2      SYLHMRNLLSTDNEEEQEEREM------------------------DSQLNGSYLKAI
P97481      SFLRTHKLLSSVCSENESEAEA------------------------DQQMDNLYLKAL
Q9JHS1      SFLRTHKLLSSVCSENESEAEA------------------------DQQMDNLYLKAL
Q24167      AFLKIREMLQFVPSLRDCNDDIKQDIETAEDQQEVKPKLEVGTEDWLNGAEARELLKQTM
Q9I8A9      QLPAVEKVADAGD--LDGETEL------------------------DKQLNCFYLKAL
                ..                                                      :


G5EGD2      DGFVMIVDSDSSILYVTESVAMYLGLTQTDLTGRALRDFLHPSDYDEFDKQSKMLHKP--
Q0PGG7      DGFVMVLTDDGDMIYISDNVNKYMGLTQFELTGHSVFDFTHPCDHEEMREMLTHRNGL--
Q9XTA5      DGFVMVLTDDGDMIYISDNVNKYMGLTQFELTGHSVFDFTHPCDHEEMREMLTHRNGL--
Q61221      DGFVMVLTDDGDMVYISDNVNKYMGLTQFELTGHSVFDFTHPCDHEEMREMLTHRNGP--
Q9YIB9      DGFVMVLSEDGDMIYMSENVNKCMGLTQFDLTGHSVFDFTHPCDHEELREMLTHRNGP--
Q16665      DGFVMVLTDDGDMIYISDNVNKYMGLTQFELTGHSVFDFTHPCDHEEMREMLTHRNGL--
Q309Z6      DGFVMVLTDDGDMIYISDNVNKYMGLTQFELTGHSVFDFTHPCDHEEMREMLTHRNGP--
O35800      DGFVMVLTDDGDMIYISDNVNKYMGLTQFELTGHSVFDFTHPCDHEEMREMLTHRNGP--
Q9JHS2      EGFVMVLTAEGDMAYLSENVSKHLGLSQLELIGHSIFDFIHPCDQEELQDALTPRPSL--
Q0VBL6      EGFVMVLTAEGDMAYLSENVSKHLGLSQLELIGHSIFDFIHPCDQEELQDALTPRPNL--
Q9Y2N7      EGFVMVLTAEGDMAYLSENVSKHLGLSQLELIGHSIFDFIHPCDQEELQDALTPQQTL--
Q99814      EGFIAVVTQDGDMIFLSENISKFMGLTQVELTGHSIFDFTHPCDHEEIRENLSLKNGSF
Q98SW2      EGFLMVLSEDGDMIYLSENVNKCLGLAQIDLTGLSVFEYTHPCDHEELREMLVHRTGT--
P97481      EGFIAVVTQDGDMIFLSENISKFMGLTQVELTGHSIFDFTHPCDHEEIRENLTLKNGSF
Q9JHS1      EGFIAVVTQDGDMIFLSENISKFMGLTQVELTGHSIFDFTHPCDHEEIRENLTLKTGSF
Q24167      DGFLLVLSHEGDITYVSENVVEYLGITKIDTLGQQIWEYSHQCDHAEIKEALSLKREL--
Q9I8A9      EGFVLVLTEEGDMIYLSENVNKCMGLTQFELTGHSVFDFTHPCDHEELREMLTFRNGP--
            :**:  ::    :.…:   :::::.:        :*:::    :   *     :  ::   *  .*   *:. 

（以下略）
```

また，mafftもClustal Omega同様，多重配列アラインメントによく用いられる。mafftは日本の研究者による研究成果である。mafftもBiocondaで簡単にインストール，Clustal Omegaと同様のコマンド操作で実行できる*。

何て呼んだらいいの

mafft
「マフト」

mafftについては，『Dr. Bonoの生命科学データ解析第2版』のp.143も参照。

執筆時点では，mafftもApple silicon MacではBiocondaを使ってインストールできないのでHomebrewを使ってインストールした。
% `brew install mafft`

```
# Biocondaでmafftをインストール
% conda install mafft
# mafftで多重配列アラインメント実行
% mafft --auto oreno_aa.fasta > oreno_mafft.fasta
# 出力結果を確認
% less oreno_mafft.fasta
>G5EGD2 Hypoxia-inducible factor 1 OS=Caenorhabditis elegans OX=6239 GN=hif-1 PE=1
SV=1
------------------------------------------------------------
-MEDNRKRNMERRRETSRHAARDRRSKESDIFDDLKMCVPIVEEGTVTHLDRIALLRVAA
TICRLRKTAGNV------LENNLDNEITNEVW-----------------TEDTIAECL
DGFVMIVDSDSSILYVTESVAMYLGLTQTDLTGRALRDFLHPSDYDEFDKQSKMLHKP--
-RGEDTDTTG--------INMVLRMKTVISPRGRCLNLKSALYKSVSFLV------HSKV
STGGHVSFMQGITIPAGQGTTNANASAMT---------KYTESPMG--AFTTRHTCDMRI
TFVSDKFNYILKSELKTLMGTSFYELVHPADMMIVSKSMKELFAKGHIRTPYYRLIAAND
TLAWIQTEATTITHTTKGQKGQYVICVHYVLGIQGAEESLVVCTDSMPAG----------
-------------------------MQVDIK-KE----VDDTR---DYIGRQP------
---EIVECVDFTPLIEP---EDPFDTVIEPVVGGEEPVKQADMGARKNSYDDVLQWLFRD
Q------PSSPPPARYRSADRFRTTEPSNFGSALASPDFMDSSSRTSRPKT----SYGRR
AQSQGSRTTGSS-STS---ASATL--------------PHSANYSPLAEGISQCGLNSPP
SIKSGQVVYGDARSMGRSCDPSDSSRRFSALSPSDTL--NVSST-RGINPVIGSNDVFST
M--PFADSIAIAERIDSSPTLTSGEPILCDDLQW-----EEPDLSCLAPFVDTY-DMMQM
DEGLPPELQALYDLPDFTPAVPQAPAA--RPVHI--------------------------
----------------------------DR------------------------------
------------------------------------------------------------
------------------------------------------------------------
-----------SPPA---------------------------------------------
--------------------KRMHQS----------------------------------
---------------------------------------------------------G
```

```
PSDLD-------------------------------------------------FMYTQH
-YQPFQQDETYWQ-----------------------------------------------
---------------------------------------GQQQQNEQQPSSY---
-------------------------------------------------SP--------
------------------------------------------------------------
------FPMLS-------------------------------------------------
------------------------------------------------------------
---------------
>Q0PGG7 Hypoxia-inducible factor 1-alpha OS=Bos mutus grunniens OX=30521 GN=HIF1A
PE=2 SV=1
ME-------------------------------------------------------GAG
GANDKKKISSERRKEKSRDAARSRRSKESEVFYELAHQLPL-PHNVSSHLDKASVMRLTI
SYLRVRKLL----------DAGDLDIEDEMKAQ-----------------MNCFYLKAL
DGFVMVLTDDGDMIYISDNVNKYMGLTQFELTGHSVFDFTHPCDHEEMREMLTHRNGL--
VKKGKEQNTQ--------RSFFLRMKCTLTSRGRTMNIKSATWKVLHCTG------HIHV
YDT------NSNQSQCGY--KKPPMTCLVLICEPIPHPSNIEIPLDSKTFLSRHSLDMKF
SYCDERITELMGYEPEELLGRSIYEYYHALDSDHLTKTHHDMFTKGQVTTGQYRMLAKKG
GYVWIETQATVI-YNTKNSQPQCIVCVNYVVS-GIIQHDLIFSLQQTECV----------
-----------------LKPVESSDMKMTQLFTK-VE----SEDTSSLFDKLKKEP-----
----------DALTLLAP----AAGDTIISLDFGSNDTETDDQQLEEVPLYNDVMLPSSNE
KLQNINLAMSPLPASETPKPLRSSADPALNQEVALKL--------EPNPESLGL-SFTMP
QIQDQPASPSDG-STR---QSSPE--------------PNSP-----------------
-----------------------SEYCFDVDGDMVNEFKL--ELVEK--------------
---LFAED-------TEAKNPFSTQD------------TDLDLEMLAPYIPMD-DDFQL
RSFDQLS-----------PLENSSTS----PQSA---------STNTV-FQPTQMEPPI
----ATVTTTATSD---------------------ELKTVTKDGMKDIKILIA-----
----------------FPSPPHVPKEPPCATT----------------------------
------------------------------------------------------------
----------SPYS--DTGSRTASPSRAG------------------------KGVI-
--------------------EQTEKS---------------------------------
-----------------------------------------------------------H
PRSPN--------VLSVALSQRTTAPE------EELNPKILAL----------QNAQR
-KRKIEHDGSLFQ----------------------------------------------
--------AVGIGTLL--------------------------QQPDDRATTTSLSW
KRVKGCKSSEQNGMEQKTIIL---------------------------IP--------
------------------------------------SDLVCRLLGQSMDESG-------
------LPQLTSYDCE-------------------------------------------
------------------VNAP--------IQGSRNLL--------QGEELLRA------
----LDQVN------
>Q9XTA5 Hypoxia-inducible factor 1-alpha OS=Bos taurus OX=9913 GN=HIF1A PE=2 SV=1
ME-------------------------------------------------------GAG
GANDKKKISSERRKEKSRDAARSRRSKESEVFYELAHQLPL-PHNVSSHLDKASVMRLTI
SYLRVRKLL----------DAGDLDIEDEMKAQ-----------------MNCFYLKAL
DGFVMVLTDDGDMIYISDNVNKYMGLTQFELTGHSVFDFTHPCDHEEMREMLTHRNGL--
VKKGKEQNTQ--------RSFFLRMKCTLTSRGRTMNIKSATWKVLHCTG------HIHV
```
(以下略)

多重配列アラインメントの可視化

多重配列アラインメントの可視化手段として，単純には Jalview（https://www.jalview.org/）を使うとよい。インストールの手順は統合 TV 「Jalview を使って配列解析・系統樹解析をする」を参照。

アラインメント後のファイル（`oreno_clustalo.fasta` や `oreno_mafft.fasta` など）を読み込むことができ，分子系統樹を手軽に描画することができる（図 3.11）。Jalview は単なるアラインメントビューワーではなく，実に多機能であり，アラインメントを編集することもできる。また，多重配列アラインメントする前の配列セットを読み込んで，アラインメントのウェブサービスに計算リクエストを出して，その結果を可視化することもできる。そして，多重配列アラインメントに対して系統樹をその場で計算して描画する機能もついており，大変便利である。閾値をクリックで選ぶと，それにもとづいてグループ分けがなされ，自動的に色づけされるのが非常に便利なツールである（ 参照）。

シークエンスロゴによる可視化

多重配列アラインメントを可視化する方法として，シークエンスロゴ（sequence logo）がある。より保存されている塩基やアミノ酸を大きな文字として表すことで，保存度を可視化する。シークエンスロゴを簡単に生成

 統合 TV

「Jalview を使って配列解析・系統樹作成をする」
https://doi.org/10.7875/togotv.2022.052

図 3.11 Jalview の実行画面
アラインメントを読み込んだ後に，タイトルメニューの Calculate から Calculate Tree or PCA を選ぶと分子系統樹が描画される。デンドログラムをクリックするとその場所を閾値として遺伝子がグループ分けされ，自動的に色づけされる。その色づけはアラインメントの方と連動していて，対応関係がよくわかる。

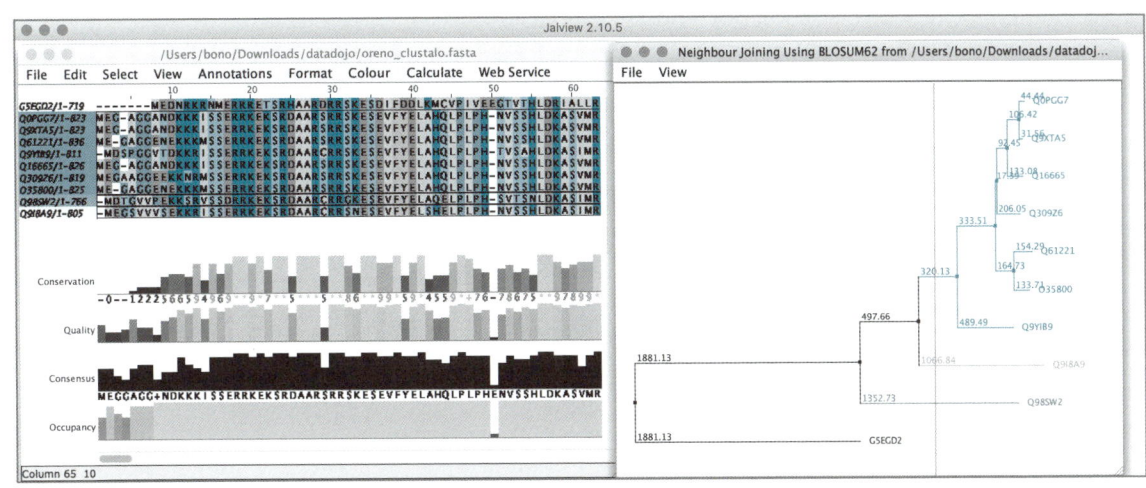

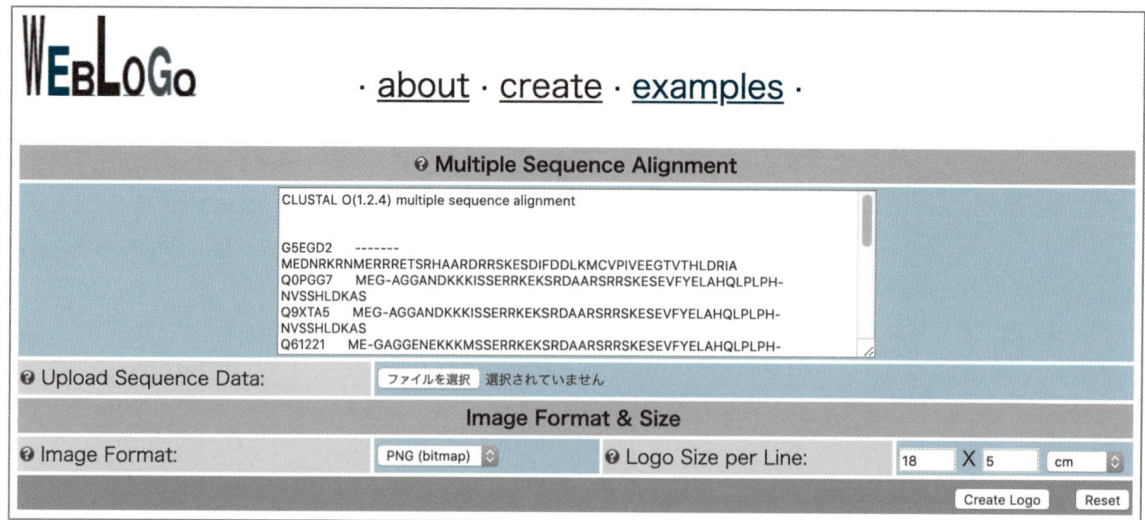

図3.12 WebLogoの入力インターフェース

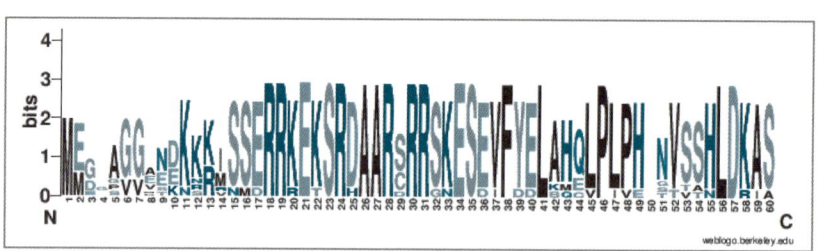

図3.13 WebLogoの生成例

するシステムとして，WebLogo (https://weblogo.berkeley.edu/) がある．多重配列アラインメント全部を入れてしまうと各アミノ酸が小さくなり，うまく可視化されないので，保存度を可視化したい領域に絞って，多重配列アラインメントをウェブインターフェースに貼りつける（図3.12）．

そうすると図3.13に示すようなシークエンスロゴがすぐに生成され，表示される．

■ 系統樹作成と可視化

Jalviewで描画した系統樹には，ブートストラップ確率がついていない．系統樹の信頼性を評価する必要がある場合には，ブートストラップ確率を計算して表示できるプログラムを使う必要がある．その1つとして，fasttree (http://www.microbesonline.org/fasttree/) というプログラムが使

われており，系統樹を書くための newick フォーマットのファイルを作成してくれる。fasttree も Bioconda でインストールして簡単に使うことができる*。多重配列アラインメントされたファイルを入力とし，系統樹を書くための情報が書かれた newick 形式のファイルを出力する。

 **何て呼んだらいいの**
newich
「ニューイック」

執筆時点では，fasttree も Apple silicon mac では Bioconda を使ってインストールできないので Homebrew を使ってインストールした。
% `brew install fasttree`

```
# fasttreeをBiocondaでインストール
% conda install fasttree
# 実行し，newick形式ファイルが出力される
% fasttree < oreno_mafft.fasta > oreno_mafft.newick
# 生成されたnewick形式のファイルを確認
% less oreno_mafft.newick
(Q16665:0.018710480,(Q0PGG7:0.006289339,Q9XTA5:0.001009563)1.000:0.020707946,((Q9YIB9:0.075738007,(Q9I8A9:0.295298163,(Q98SW2:0.363881998,((Q99814:0.047029583,(P97481:0.021143959,Q9JHS1:0.045348145)0.980:0.046902436)1.000:0.385320086,((Q9Y2N7:0.083267602,(Q9JHS2:0.041595917,Q0VBL6:0.016777444)0.982:0.101225154)1.000:0.632862431,(G5EGD2:1.372739921,Q24167:0.739814073)0.989:0.357059458)0.959:0.158835955)0.997:0.151524911)0.989:0.091401921)0.975:0.060758088)1.000:0.113449753,(Q309Z6:0.022788003,(Q61221:0.015561964,O35800:0.013505880)1.000:0.030513919)0.995:0.022235943)0.853:0.005330736);
```

得られた newick 形式のファイルは，系統樹描画プログラムで可視化する。それが可能なプログラムとして，MEGA がある（図3.14）。

MEGA は，系統樹作成のデファクトスタンダードとなっている。MEGA の使い方の詳細は，書籍『生命科学データベース・ウェブツール』や統合 TV を参照されたい（参照）。

 統合 TV
「MEGA7 を使って配列のアラインメント・系統解析を行う」
https://doi.org/10.7875/togotv.2017.106

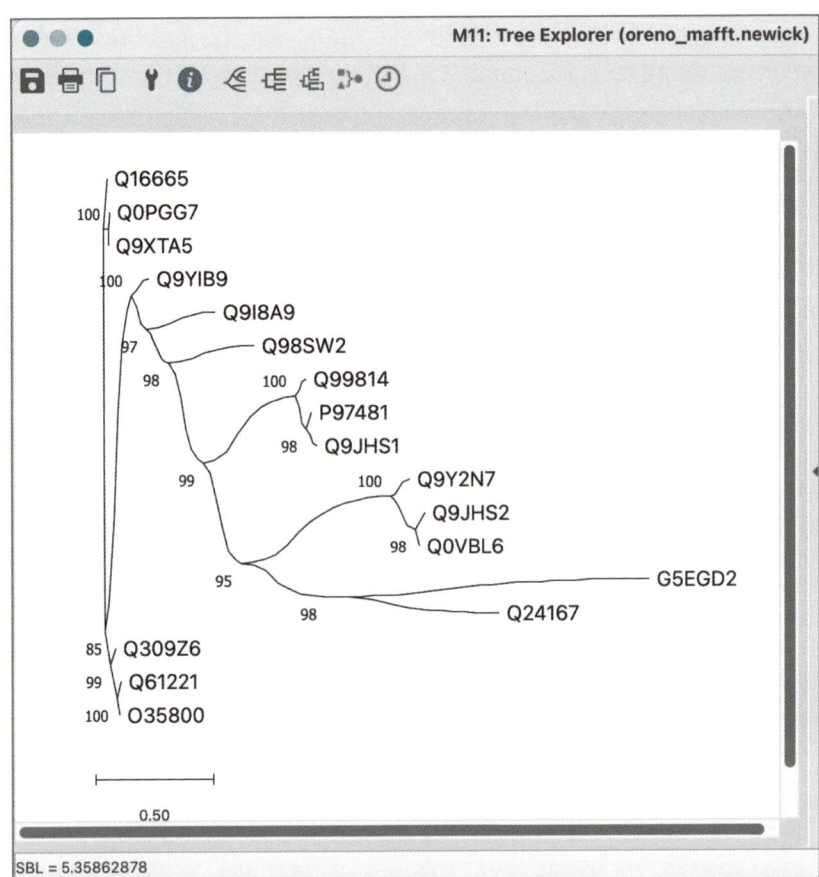

図3.14 MEGA11による newick形式ファイルの可視化
MEGA11による系統樹描画の図。ブートストラップ確率が表示されている。

■ 結果の解釈

　系統樹を一度書いてそれで満足できればよいが，書いてみて問題が明らかになることも多々ある。その場合，ノードを追加，もしくは枝刈りして再度多重配列アラインメントする。

　また，図3.7の例ではIDだけでどの生物かよくわからないので，標識を生物種名に変えてみよう。この例の場合，すべてが *HIF1A* の遺伝子配列なので，IDを生物種名に置換しても問題ない。そこで，FASTAヘッダーをパースして，IDと生物種対応表を作る。

```
# IDと生物種対応表作成
% grep ^\> oreno_mafft.fasta | perl -ne '$id=$1 if(/^\>(\S+)/); $os=$1 if(/OS=(\S+\s+\S+)/); print "$id\t$os\n"' > id2species.txt
# 中身確認
% less id2species.txt
G5EGD2 Caenorhabditis elegans
Q0PGG7 Bos mutus
Q9XTA5 Bos taurus
Q61221 Mus musculus
Q9YIB9 Gallus gallus
Q16665 Homo sapiens
Q309Z6 Eospalax fontanierii
O35800 Rattus norvegicus
Q9JHS2 Rattus norvegicus
Q0VBL6 Mus musculus
Q9Y2N7 Homo sapiens
Q99814 Homo sapiens
Q98SW2 Oncorhynchus mykiss
P97481 Mus musculus
Q9JHS1 Rattus norvegicus
Q24167 Drosophila melanogaster
Q9I8A9 Xenopus laevis
```

　この対応表をもとに newick ファイルを置換するのだが，その置換するためのPerl スクリプト **id2species.pl** を作成する。

id2species.pl

```perl
#!/usr/bin/env perl

my($file) = shift(@ARGV);

open(FILE, $file) or die "$file:$!\n";
while(<FILE>) {
        chomp;
        my($id,$species) = split(/\t/);
        $species =~ s/ /_/g;
        $speciesof{$id} = $species;
}
close FILE;
```

> **GitHub ファイル取得**
>
> このファイル **id2species.pl** は，DrBonoDojo2 GitHub の3-3ディレクトリに置いてある。
> https://github.com/bonohu/DrBonoDojo2/blob/master/3-3/id2species.pl

```
while(<STDIN>) {
        chomp;
        foreach $id (keys %speciesof) {
                s/$id/$speciesof{$id}/;
        }
        print "$_\n";
}
```

　このスクリプトと対応表を用いて，以前に作成したnewickファイルのIDを生物種名に置換する。

```
# Perlスクリプトを実行して，newickファイル中のIDを生物種名に置換する
% perl id2species.pl id2species.txt < oreno_mafft.newick > oreno_mafft2.newick
```

　そして，`oreno_mafft2.newick`ファイルを用いて，分子系統樹をMEGA11で再度描画する（図3.15）。

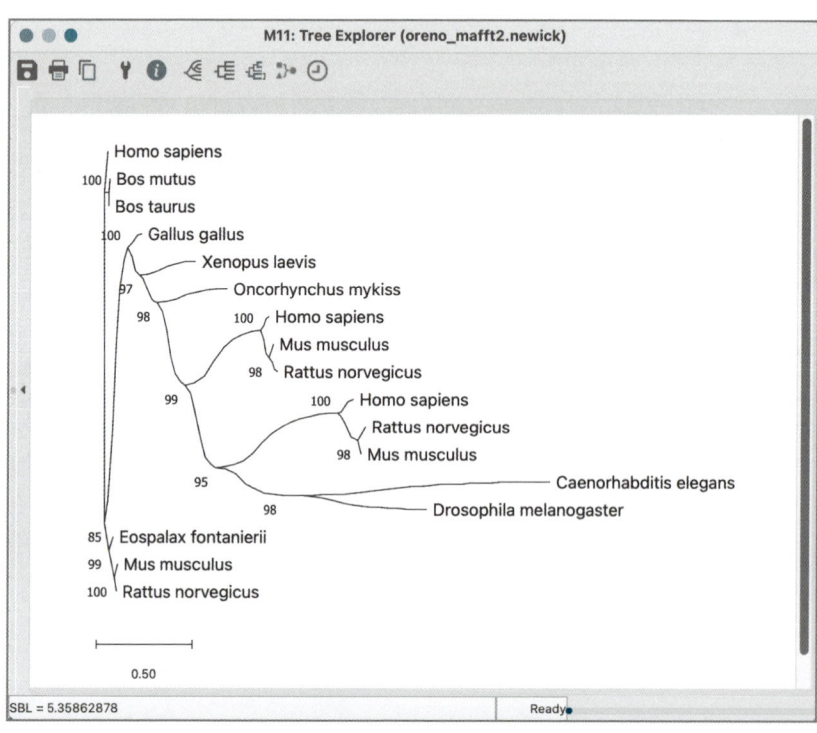

図3.15　MEGA11によるnewick形式ファイルの可視化2　MEGA11でHIF1Aの分子系統樹を再度描画する。IDではなく，生物種名（学名）を表示することで系統樹の解釈がしやすくなっている。

無味乾燥なDBのIDを，人間が理解しやすい生物種名へと置換することによって，生物学的な解釈がしやすい図が得られる．

3.4　タンパク質構造解析

　タンパク質は**ドメイン**（domain）やモチーフ（motif）と呼ばれる機能単位に分けられると考えられている．本書ではそれらを代表してドメインと呼ぶことにする（コラム「ドメイン？ モチーフ？」参照）．

　ドメインは，一群の連続した特徴のあるアミノ酸配列で構成されると考えられている．例えば，あるタンパク質がZn（ジンク）フィンガーを含む場合，このドメインはDNAと結合する特徴をもつので，そのタンパク質は転写因子だろうと機能を推測できる．与えられたアミノ酸配列に対してどういったドメインをもつのかを検索することで，このような機能推定をすることが可能である．

■ タンパク質ドメインのデータベース

　そこで，それらのドメインに対して，これまでさまざまなデータベースが作成されてきた．ドメインのデータベースは多数あり，推定方法や作っている機関が異なっている．

> **コラム**
> **ドメイン？ モチーフ？**
>
> 　ドメイン，ファミリー（family），モジュール（module），シグネチャー（signature），モチーフ．
> 　これらはすべてタンパク質配列中の特徴ある配列群を指す言葉であるが，このようにさまざまな呼び名が存在している．Dr. Bonoの感覚的には，左の言葉は配列が長く，右にいくほど短いイメージがある．タンパク質の機能領域の長さは，特に決まった範囲に限定されるものではない．そこで，本書では最も一般的と考えられるドメインという言葉で統一して説明している．

InterPro

それらの複数のタンパク質ドメインデータベースを統合するデータベースとして InterPro が European Bioinformatics Institute（EBI）で作成されている。執筆時点で InterPro に参加しているタンパク質ドメインデータベースは 13 種類ある（https://www.ebi.ac.uk/interpro/）。

InterPro に参加しているデータベースをタンパク質配列情報で検索するプログラムとして `interproscan` がある。InterPro のウェブサイトでも実行できるほか，プログラムをダウンロードしてきて，コマンドラインでローカルにも実行できる。

しかしながら，そのプログラムのインストールもさることながら，InterPro に参加しているすべてのデータベースをダウンロードしてくること，そして出てきた結果を人手で解釈することは一苦労である。

> **? 何て呼んだらいいの**
> InterPro
> 「インタープロ」
> interproscan
> 「インタープロスキャン」

Pfam

そこで，その InterPro の中でコマンドラインで大量に検索するには Pfam の利用をおすすめする。Pfam は，タンパク質ドメインがもつ配列の特徴を隠れマルコフモデル（hidden markov model：HMM）のプロファイルとして表現したデータベースである。本書執筆時点で，Pfam はバージョン 35.0（19,632 entries）となっている。以下で Pfam のプロファイルを用いた配列解析を，実例を交えて紹介する。

> **? 何て呼んだらいいの**
> Pfam
> 「ピーファム」
> HMM
> 「エイチエムエム」

 Pfamについては，『Dr. Bonoの生命科学データ解析第2版』のp.62も参照。

InterPro で Keyword 検索すると図 3.16 のように一つのドメインに対して複数のドメインデータベースがヒットする。図 3.16 の検索結果の中から PF00113, Enolase, C-terminal TIM barrel domain をまず選択する。するとこのエントリのページが表示される（図 3.17）。コマンドライン計算に必要な Pfam の HMM プロファイルを得るには，そのページの左側のカラムの中の Curation を選択し，移った先のページ（図 3.18）の HMM information にある download のリンクからダウンロードする。これをクリックすると，この例の場合には，`PF00113.hmm.gz` という名前のファイルを取得できる。

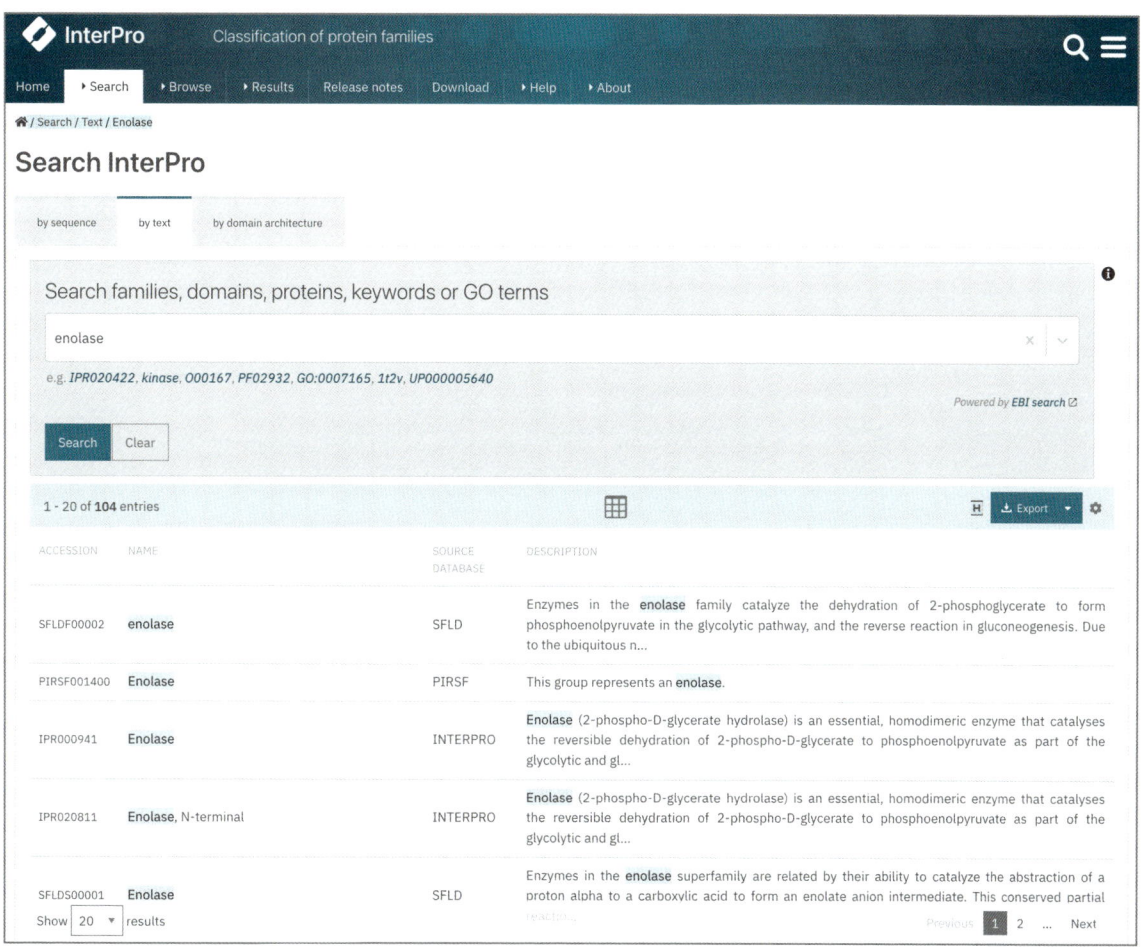

図3.16 KeywordでInteProを検索 Keyword searchでenolaseと入力して検索した結果。

図3.17 HMMプロファイルを取得 InterProのPfam各エントリのCuration & modelのページから、それぞれのHMMプロファイルは取得できる。

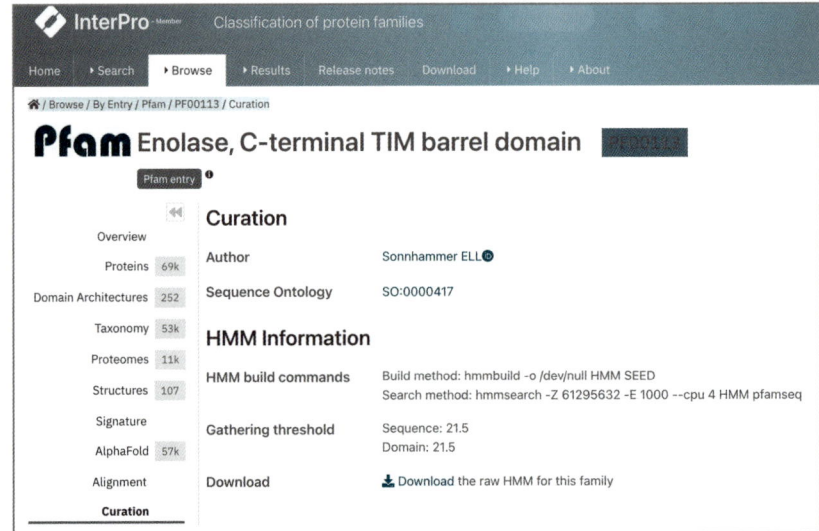

図3.18 InterProのEnolase, C-terminal TIM barrel domain (PF00113) のエントリ

```
# HMMプロファイルの展開
% gunzip PF00113.hmm.gz
```

`PF00113.hmm.gz` を `gunzip` で展開した `PF00113.hmm` の中身は以下のようになっている。

PF00113.hmm

```
HMMER3/f [3.1b2 | February 2015]
NAME  Enolase_C
ACC   PF00113.22
DESC  Enolase, C-terminal TIM barrel domain
LENG  296
ALPH  amino
RF    no
MM    no
CONS  yes
CS    yes
MAP   yes
DATE  Thu Aug  2 23:28:31 2018
NSEQ  9
EFFN  0.654785
CKSUM 2360876519
GA    21.50 21.50;
TC    21.50 21.50;
NC    21.40 21.40;
BM    hmmbuild HMM.ann SEED.ann
SM    hmmsearch -Z 45638612 -E 1000 --cpu 4 HMM pfamseq
STATS LOCAL MSV       -11.0260  0.70140
STATS LOCAL VITERBI   -11.7198  0.70140
STATS LOCAL FORWARD    -5.3917  0.70140
HMM          A        C        D        E        F        G        H        I
K            L        M        N     >
             m->m     m->i     m->d     i->m     i->i     d->m     d->d
  COMPO   2.43620  4.46373  2.85115  2.60917  3.39335  2.70227  3.79031  2.76824
2.70057  2.48201  3.66436  3.02131  3>
          2.68618  4.42225  2.77519  2.73123  3.46354  2.40513  3.72494  3.29354
2.67741  2.69355  4.24690  2.90347  2>
          0.13900  3.98149  2.19722  0.61958  0.77255  0.00000        *
      1   2.38412  4.78563  2.77642  2.11297  4.10786  3.30995  3.61752  3.52451
2.28293  3.12029  3.93860  2.87693  3>
```

```
            2.68618   4.42225   2.77519   2.73123   3.46354   2.40513   3.72494   3.29354
  2.67741   2.69355   4.24690   2.90347   2>
            0.03136   3.87384   4.59619   0.61958   0.77255   0.42856   1.05397
        2   2.57673   4.23046   3.55521   2.98705   2.96947   3.57611   3.30145   2.54173
  2.67372   2.28959   3.33045   3.35277   3>
            2.68618   4.42225   2.77519   2.73123   3.46354   2.40513   3.72494   3.29354
  2.67741   2.69355   4.24690   2.90347   2>
            0.02811   3.98149   4.70383   0.61958   0.77255   0.48576   0.95510
        3   2.63351   4.20700   3.92086   3.39118   3.47618   3.66925   4.17970   1.96067
  3.29710   2.37847   3.40658   3.66818   4>
            2.68618   4.42225   2.77519   2.73123   3.46354   2.40513   3.72494   3.29354
  2.67741   2.69355   4.24690   2.90347   2>
            0.02811   3.98149   4.70383   0.61958   0.77255   0.48576   0.95510
（以下略）
```

このHMMプロファイルを用いて、以下の節でHMMを用いたタンパク質ドメイン検索（以下、HMM検索と呼ぶ）を行う。

■ タンパク質ドメインの配列解析

塩基配列やタンパク質ドメイン検索には**grep**などのコマンドで正規表現を使って検索することももちろん用いられる。しかしながら、完全マッチすることは実際には少ないため、アミノ酸配列の場合は特に、位置特異的スコア行列（position specific score matrix）と呼ばれるプロファイル検索が用いられてきた。その中でも、HMMで表現されたタンパク質ドメインのプロファイル（以下、HMMプロファイルと呼ぶ）を用いて、HMMERというツールを使って検索することが多い。このHMMERにはいくつかのコマンドが用意されており、おもにできることは以下のとおりである。

1. 特定のHMMプロファイルを使って、タンパク質配列データベースを検索
2. 特定のタンパク質配列を使って、それに含まれるタンパク質ドメインを検索

これらについて以下で具体例を使って説明する。

◁◁ 配列の検索については、『Dr. Bonoの生命科学データ解析第2版』のp.77およびp.146も参照。

◁◁ 位置特異的スコア行列については、『Dr. Bonoの生命科学データ解析第2版』のp.166も参照。

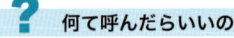
何て呼んだらいいの
HMMER
「ハマー」

インストール

HMMER も Biconda で簡単にインストールできる。執筆時点では，HMMER は Apple silicon Mac では Bioconda や Homebrew を使ってインストールできない。そこで，この HMMER に関しては Docker で動かすコマンドラインも併記する。

```
% conda install hmmer
```

タンパク質配列データベースに対して検索

HMMER パッケージの `hmmsearch` で，特定の HMM プロファイルを用いて検索することができる。

UniProt に対する検索例

例えば，上で取得した HMM プロファイル（Enolase の C 末端側ドメインなので，以後 Enolase_C と呼ぶ）を用いて，そのドメインをもつと考えられる配列を UniProt から検索してみよう。検索する対象の UniProt の配列は 3.1 節で取得してきたファイルであり，HMMER では圧縮したままでも検索が可能である。

```
# Enolase_Cドメインを持つと考えられる配列をUniProtから検索
% hmmsearch --cpu 4 PF00113.hmm uniprot_sprot.fasta.gz > hmmsearch_out.txt
# そのDocker版
% docker run -it -v `pwd`:/hmmer quay.io/biocontainers/hmmer:3.3.2--h87f3376_2 
hmmsearch --cpu 4 /hmmer/PF00113.hmm /hmmer/uniprot_sprot.fasta.gz > hmmsearch_out.txt

# 結果ファイルを見る
% less -S hmmsearch_out.txt
# hmmsearch :: search profile(s) against a sequence database
# HMMER 3.3.2 (Nov 2020); http://hmmer.org/
# Copyright (C) 2020 Howard Hughes Medical Institute.
# Freely distributed under the BSD open source license.
# - - - - - - - - - - - - - - - - - - - - - - - - - - - - - - - - - - - - - -
# query HMM file:                  /hmmer/PF00113.hmm
# target sequence database:        /hmmer/uniprot_sprot.fasta.gz
# number of worker threads:        4
# - - - - - - - - - - - - - - - - - - - - - - - - - - - - - - - - - - - - - -
```

```
Query:       Enolase_C  [M=296]
Accession:   PF00113.25
Description: Enolase, C-terminal TIM barrel domain
Scores for complete sequences (score includes all domains):
   --- full sequence ---   --- best 1 domain ---   -#dom-
    E-value  score  bias     E-value  score  bias    exp  N  Sequence
    -------  -----  -----    -------  -----  -----   ---- --  --------
   5.1e-160  536.5  0.7       7e-160  536.0  0.7      1.2  1  sp|P26301|ENO1_MAIZE
   1.9e-159  534.6  0.0     2.7e-159  534.1  0.0      1.2  1  sp|P30575|ENO1_CANAL
   5.6e-159  533.0  0.7     7.5e-159  532.6  0.7      1.1  1  sp|Q43130|ENO_MESCR
   1.3e-158  531.9  1.7     1.6e-158  531.6  1.7      1.1  1  sp|Q42971|ENO_ORYSJ
   2.3e-158  531.0  0.9     2.9e-158  530.7  0.9      1.1  1  sp|P26300|ENO_SOLLC

(中略)

Domain annotation for each sequence (and alignments):
>> sp|P26301|ENO1_MAIZE  Enolase 1 OS=Zea mays OX=4577 GN=ENO1 PE=2 SV=1
   #    score  bias  c-Evalue  i-Evalue hmmfrom  hmm to   alifrom  ali to   envfrom
 ---  ------  -----  --------- --------- ------- -------  ------- -------  -------
   1 !  536.0   0.7   1.1e-162   7e-160       2     294 ..     149     441 ..     148

  Alignments for each domain:
  == domain 1  score: 536.0 bits;  conditional E-value: 1.1e-162
                       -EE-EE-EEEEE-GGGSSSS--SSEEEEE-TT-
           Enolase_C   2 lvlPvPalnvlnGGshadnklalqefmilPvgassfkealrlGaevyhklksvlkkky
                         lvlPvPa+nv+nGGsha+nkla+qefmilP+gassfkea+++G+evyh+lks++kkky
  sp|P26301|ENO1_MAIZE 149 LVLPVPAFNVINGGSHAGNKLAMQEFMILPTGASSFKEAMKMGVEVYHNLKSIIKKKY
                          69***********************************************************

                         HHCT-TCTBEEEEE--GGGCEETCTTEEECTTTTTT--
           Enolase_C  91 ekaGykgkvkialdvassefykekdkkydldfkeeesdkskkltseeladlyeelvkk
                         ekaGy+gkv i++dva+sef  ekdk+ydl+fkee++d
  sp|P26301|ENO1_MAIZE 238 EKAGYTGKVVIGMDVAASEFFGEKDKTYDLNFKEENNDGSNKISGDSLKDLYKSFVSE
(以下略)
```

出力結果は，まず query が何であったか（この場合，Enolase_C）などの情報が書かれ，その次にヒットのあった配列がその E-value とともにリストされる．そのあとに，HMM プロファイルとそれぞれのヒットとのアラインメントが表示される，というのがデフォルトの出力結果で，BLAST のデフォルトの出力と似ている．

この例では，**PF00113.hmm** の HMM ファイルを使って，**uniprot_sprot.fasta.gz** のアミノ酸配列 DB に対して検索を行っている．検索対象の FASTA ファイルは **gzip** 圧縮されているがそのまま検索でき，index も事

前に作成する必要はない。また，オプション `--cpu 4` は検索時に使う CPU の数を指定しているもので，この場合 4 を指定している。`hmmsearch` では，Enolase_C のプロファイルと似た領域が DB から検索され，より適合度の高いものから順にリストアップされる。リストの後には HMM プロファイルと DB 中のそれぞれのヒット配列とのアラインメントが表示される。

公共 DB に登録されたトランスクリプトームアセンブリを翻訳したアミノ酸配列セットに対する検索例

しかしながら，実際の研究においては，検索対象 DB を UniProt にすることはないだろう。というのも，すでに UniProt に登録されたタンパク質に対してはすでにさまざまなドメイン解析がなされ，その結果が UniProt 中にアノテーションとして書かれているからである。むしろ，アノテーションされていない配列セット，例えばメタゲノムやトランスクリプトームアセンブリの塩基配列から翻訳して得られたアミノ酸配列セットに対して検索することが行われている。

自らのデータがなくても，それらのデータは公共 DB に登録されているものが多数ある。特に，トランスクリプトームアセンブリは，Transcriptome Shotgun Assembly（TSA）という名前で DDBJ/ENA/GenBank で DB 化されており，そのデータを自由に利用できる（https://www.ddbj.nig.ac.jp/ddbj/tsa.html）。TSA からデータを取得し，オープンリーディングフレーム（Open Reading Frames：ORFs）を予測し翻訳されたアミノ酸配列に対して `hmmsearch` する手順を以下に紹介する。

NCBI の Sequence Set Browser（https://www.ncbi.nlm.nih.gov/Traces/wgs/?view=TSA）を使って，TSA のデータを検索できる（図 3.19）。

ここでは，トビイロウンカ（*Nilaparvata lugens*）のデータを使って説明する。

トビイロウンカ（*Nilaparvata lugens*）TSA データ公開
https://www.ddbj.nig.ac.jp/news/ja/2017-12-18.html

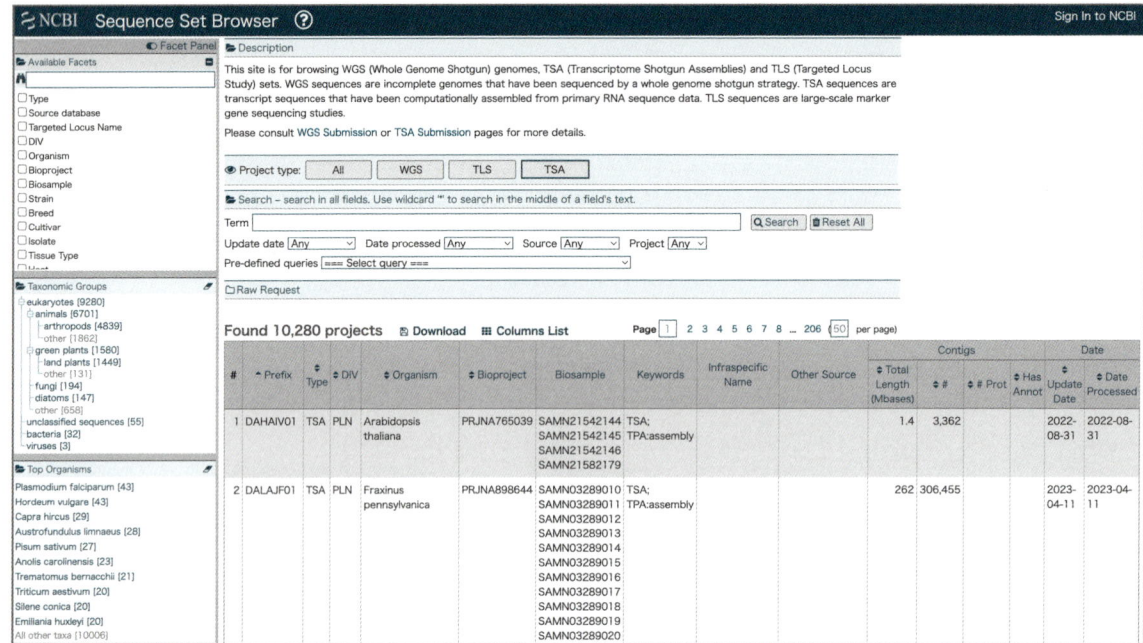

図3.19　NCBI Sequence Set Browser　TSAのみならず，Whole Genome Shotgun（WGS）のデータもここから探すことができる。左のTaxonomic Groupsからや，Termから絞りこんで検索することができる。

　このトビイロウンカのTSAアクセッション番号はIACVからはじまることが上記URLのDDBJニュースから確認できるので，それをTermに入力して検索する。すると1件だけヒットしてくるので，そのエントリの詳細を調べる（図3.20）。

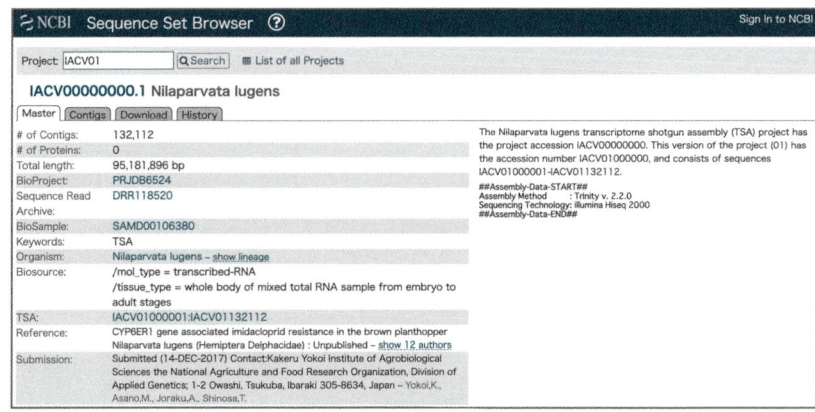

図3.20　TSAデータの詳細画面　このデータにまつわるさまざまな情報がこの画面で閲覧できる。

Downloadタブから，アセンブルされた配列データ（FASTA形式）をダウンロードする．リンク先のURLをコピーしてcurlで直接ダウンロードする．

```
# curlでダウンロード
% curl -O ftp://ftp.ncbi.nlm.nih.gov/sra/wgs_aux/IA/CV/IACV01/IACV01.1.fsa_nt.gz
# 中身を確認
% pigz -dc IACV01.1.fsa_nt.gz | less
>IACV01000001.1 TSA: Nilaparvata lugens RNA, comp59293_c0_seq1, transcribed RNA sequence
TATAGCAGTTAATTTAGGATGAGGTTTTCAGAATATCAAGTTGGCAAATAACAGCTTAGCATGTAAACTT
TAGAGGTCTAACAAAATAGTGGATACCCCTGTTATGTAATTCGTTCAACATTCACAATAATACATTAGGC
TTATAAGTATGCTTTGCACGCATTGTTGGCAGCGGAACTCTTCATTCCTTTCTCCTGGATCAGAATACCC
AAGTCCTACTTCTCCTTCATAGGGTGTAGAATAACTACATTCATTACGGTATTTAAAAGGCCAAGTTGGA
AATGACAACCGTTCA
>IACV01000002.1 TSA: Nilaparvata lugens RNA, comp59150_c0_seq1, transcribed RNA sequence
GGAAGGATCAGTGTCACAGGTCATGAGTACTCTCACTTATTCTCTAAAAAAAGCCATTTTCCAATAGATT
TTTGCTGGACAGAAAAGGATTCAATTCCTTATTCCAAAACACTTTCTCATGGACAATACGATCTGCGGAA
AAATAAAACTGGATATAAAAAACCTGTTTCTCCTTCCATTTAGATATATGACATATGACTCGAGATTTCT
GCTCC
>IACV01000003.1 TSA: Nilaparvata lugens RNA, comp58157_c0_seq1, transcribed RNA sequence
GCACCTTTTACTTACAATTTCATTATTTTGTGACAGAACAAAATATTGTGTAAGCCTGATAAGAGTTTGT
TAGTCTTATAGAATATGCAGCGATAATCATTGTTGTAATGAGATAATTAACAAAATATGCAAAATCGTAA
ATTTTCAAGTTTGAATGTAATCAATTTGATAATTAAATGTTAAACCAGTATTTTTATCAATTCATCTTTC
AAGGAAGTCAACTTTCAAGTCAGAATACCAAGTCTCCTGATAGTTTGCAATGTAGTCGAATCTAATAAAT
GAGGATTTTTATTCTCGCTGAACC
（以下略）
```

`IACV01.1.fsa_nt.gz`という名前のFASTAファイルが得られる．これは見ての通り塩基配列データで，`hmmsearch`を実行するにはアミノ酸配列に翻訳する必要がある．そこで，それをやってくれるTransDecoderを使って，タンパク質コード配列を予測する．まずは，インストールから．

```
# Biocondaでtransdecoderをインストール
% conda install transdecoder
```

執筆時点では，TransDecoderはApple silicon MacではBiocondaを使ってインストールできないのでHomebrewを使ってインストールした．
```
% brew install transdecoder
```

実行は以下のように2段階で行う．いずれの場合も多くのログが画面上にも表示されるが，ここでは表示例は省略している．

```
# コード領域を探索
% TransDecoder.LongOrfs -t IACV01.1.fsa_nt.gz
# コード領域を選抜
% TransDecoder.Predict -t IACV01.1.fsa_nt.gz
# できたファイルを確認
% ls -lt
total 20506580
drwxr-xr-x   14 bono staff       448  4 27 14:03 IACV01.1.fsa_nt.transdecoder_
dir.__checkpoints/
-rw-r--r--    1 bono staff  43914467  4 27 14:03 IACV01.1.fsa_nt.transdecoder.cds
-rw-r--r--    1 bono staff      2673  4 27 14:03 pipeliner.87888.cmds
-rw-r--r--    1 bono staff  17904553  4 27 14:03 IACV01.1.fsa_nt.transdecoder.pep
-rw-r--r--    1 bono staff   5601387  4 27 14:02 IACV01.1.fsa_nt.transdecoder.bed
-rw-r--r--    1 bono staff  24161243  4 27 14:02 IACV01.1.fsa_nt.transdecoder.gff3
drwxr-xr-x   33 bono staff      1056  4 27 14:02 IACV01.1.fsa_nt.transdecoder_dir/
-rw-r--r--    1 bono staff      2622  4 27 14:02 pipeliner.10625.cmds
drwxr-xr-x    4 bono staff       128  4 27 13:52 IACV01.1.fsa_nt.transdecoder_
dir.__checkpoints_longorfs/
（以下略）
```

IACV01.1.fsa_nt.transdecoder.pep という名前のファイルに，予測されたアミノ酸配列が出力されている。

```
# アミノ酸配列数を調べる
% grep ^\> IACV01.1.fsa_nt.transdecoder.pep | wc -l
37917
# 実際の中身を確認
% less IACV01.1.fsa_nt.transdecoder.pep
>IACV01000035.1.p1 GENE.IACV01000035.1~~IACV01000035.1.p1  ORF type:5prime_partial
len:122 (+),score=43.87 IACV01000035.1:1-366(+)
TKTLWVTKVEKFIDYRVTATLEVKNCVPSEFKFPQCQKIHHPPAPHPHPQPHLHPHPPTR
PHKPTSYRPPQHQGNVHYEVPYHDEEPTAEQPAEATHDQKDEKQWVEPNLQPIVDDVFYK
V*
>IACV01000039.1.p1 GENE.IACV01000039.1~~IACV01000039.1.p1  ORF type:internal
len:110 (+),score=30.88 IACV01000039.1:1-327(+)
PECLDGALTEALAERFDNEPEDMDVDTIHAEVEKVIVGLSASRWAPEGDLGTAPPPASKP
PPKPSPSAQSAGDTAPQPLGSRFQILADVGETAQDPPPQPTQRKIAPTR
>IACV01000055.1.p1 GENE.IACV01000055.1~~IACV01000055.1.p1  ORF type:internal
len:105 (-),score=24.26 IACV01000055.1:2-313(-)
GCAPASALSPEAWPSGLSYKNIGKGNMFPQQHRHCPQPLLLAIRVEHTSLDNGDIVDGAV
IGGGGHESHALDGGEASLDPAKDGVLAVKPWSRSESDEELGAVC
（以下略）
```

3.4 タンパク質構造解析

見ての通り，アミノ酸配列の ID はもとの塩基配列の ID と**同一ではなく**，塩基配列の ID に `.p1` などが付与された形になっている（例：`IACV01000035.1.p1`）。一つの転写配列から複数のタンパク質配列が予測されると，`.p2`，`.p3` という具合に増えていく。データ統合解析の際に必要なこれらのデータの扱い方は，3.6 節で説明する。

そして，TransDecoder から出力された配列に対して `hmmsearch` で検索する。

```
# Enolase_Cドメインを持つと考えられる配列をTransDecoderの結果得たタンパク質配列から検索
% hmmsearch --cpu 4 Enolase_C.hmm IACV01.1.fsa_nt.transdecoder.pep > hmmsearch_out2.txt
# そのDocker版
% docker run -it -v `pwd`:/hmmer quay.iobiocontainers/hmmer:3.3.2--h87f3376_2 hmmsearch --cpu 4 /hmmer/PF00113.hmm /hmmer/IACV01.1.fsa_nt.transdecoder.pep > hmmsearch_out2.txt

# 結果ファイルを見る
% less -S hmmsearch_out2.txt
# hmmsearch :: search profile(s) against a sequence database
# HMMER 3.3.2 (Nov 2020); http://hmmer.org/
# Copyright (C) 2020 Howard Hughes Medical Institute.
# Freely distributed under the BSD open source license.
# - - - - - - - - - - - - - - - - - - - - - - - - - - - - - - - -
# query HMM file:                  /hmmer/PF00113.hmm
# target sequence database:        /hmmer/IACV01.1.fsa_nt.transdecoder.pep
# number of worker threads:        4
# - - - - - - - - - - - - - - - - - - - - - - - - - - - - - - - -

Query:       Enolase_C  [M=296]
Accession:   PF00113.25
Description: Enolase, C-terminal TIM barrel domain
Scores for complete sequences (score includes all domains):
   --- full sequence ---   --- best 1 domain ---    -#dom-
    E-value  score  bias    E-value  score  bias    exp  N  Sequence
    -------  -----  -----   -------  -----  -----   ---- --  --------
      3e-91  306.8   0.0     3.3e-91  306.7   0.0    1.0  1  IACV01121558.1.p2
      3e-91  306.8   0.0     3.3e-91  306.7   0.0    1.0  1  IACV01121559.1.p2
```

```
  5.8e-80  269.8   0.1    6.4e-80  269.6   0.1    1.0  1  IACV01093882.1.p2
  5.5e-65  220.6   0.2    7.5e-65  220.2   0.2    1.2  1  IACV01087655.1.p1
    2e-47  163.0   1.3    2.2e-47  162.8   1.3    1.0  1  IACV01121563.1.p1
```
（以下略）

すると，トビイロウンカの TSA にコードされた Enolase をコードしていると思われる配列がリストアップされる。

Enolase は，N 末端側のドメインも Pfam に登録されている（PF03952，これを `Enolase_N` と以後呼ぶ）。`Enolase_C` でヒットのあったタンパク質にこの N 末端側のドメインもあるかをチェックすることで，より Enolase として機能するかどうかの指標とすることができる。もちろん，`Enolase_N` の HMM プロファイルを取得して同様に `hmmsearch` する方法もあるが，それ以外のドメインをもっているか，など気になる。それを一気にやってしまうやり方が次に紹介する `hmmscan` である。

タンパク質ドメインを検索

`hmmsearch` は特定のドメインをもつ配列をタンパク質配列 DB から検索するコマンドであった。逆に，興味あるタンパク質配列がもつすべてのドメイン情報を知りたいこともあるだろう。

それを実現するコマンドが本節で紹介する `hmmscan` である。`hmmscan` も HMMER パッケージに含まれるコマンドのため，HMMER をインストールしてあれば，すでにインストールされている。

`hmmscan` を実行するためには，ドメイン情報の DB が手もとに必要となるので，Pfam の HMM プロファイル全体をダウンロードする。ダウンロードできたら，`hmmpress` で index を作成する。

```
# Pfam-A.hmm.gzをファイル取得
% curl -O ftp://ftp.ebi.ac.uk/pub/databases/Pfam/current_release/Pfam-A.hmm.gz
# 圧縮展開
% pigz -d Pfam-A.hmm.gz
# index作成
```

```
% hmmpress Pfam-A.hmm
# index作成（Docker版）
% docker run -it -v `pwd`:/hmmer quay.io/biocontainers/hmmer:3.3.2--h87f3376_2
hmmpress /hmmer/Pfam-A.hmm.gz
Working...    done.
Pressed and indexed 19632 HMMs (19632 names and 19632 accessions).
Models pressed into binary file:     Pfam-A.hmm.h3m
SSI index for binary model file:     Pfam-A.hmm.h3i
Profiles (MSV part) pressed into:    Pfam-A.hmm.h3f
Profiles (remainder) pressed into: Pfam-A.hmm.h3p
```

Enolase_C でヒットのあったエントリ IACV01087655.1.p1 を
IACV01.1.fsa_nt.transdecoder.pep から切り出して，
IACV01087655.1.p1.fa というファイルで保存する。そのファイルを質問
配列として hmmscan を実行し，Enolase_C 以外に含まれるドメインがない
か調べよう。

```
# hmmscan実行
% hmmscan -o hmmscan-IACV01087655.1.p1.txt --cpu 4 -E 1e-10 Pfam-A.hmm
IACV01087655.1.p1.fa
# Docker版のhmmscan実行
% docker run -it -v `pwd`:/hmmer quay.io/biocontainers/hmmer:3.3.2--h87f3376_2
hmmscan -o /hmmer/hmmscan-IACV01087655.1.p1.txt --cpu 4 -E 1e-10 /hmmer/Pfam-A.
hmm /hmmer/IACV01087655.1.p1.fa
# 出力結果確認
% less hmmscan-IACV01087655.1.p1.txt
# hmmscan :: search sequence(s) against a profile database
# HMMER 3.3.2 (Nov 2020); http://hmmer.org/
# Copyright (C) 2020 Howard Hughes Medical Institute.
# Freely distributed under the BSD open source license.
# - - - - - - - - - - - - - - - - - - - - - - - - - - - - - - - - - - - - - -
# query sequence file:             /hmmer/IACV01087655.1.p1.fa
# target HMM database:             /hmmer/Pfam-A.hmm
# output directed to file:         /hmmer/hmmscan-IACV01087655.1.p1.txt
# profile reporting threshold:     E-value <= 1e-10
# number of worker threads:        4
# - - - - - - - - - - - - - - - - - - - - - - - - - - - - - - - - - - - - - -
```

```
Query:       IACV01087655.1.p1  [L=272]
Description: GENE.IACV01087655.1~~IACV01087655.1.p1  ORF type:3prime_partial
len:273 (-),score=63.15 IACV01087655.1:1-816(-)
Scores for complete sequence (score includes all domains):
   --- full sequence ---   --- best 1 domain ---    -#dom-
    E-value  score  bias    E-value  score  bias    exp  N  Model       Description
    ------- ------ -----    ------- ------ -----   ---- --  --------    -----------
    2.9e-65  220.6   0.2    3.9e-65  220.2   0.2    1.2  1  Enolase_C   Enolase,
C-terminal TIM barrel domain
    1.1e-57  193.9   0.1    1.8e-57  193.3   0.1    1.3  1  Enolase_N   Enolase,
N-terminal domain


Domain annotation for each model (and alignments):
>> Enolase_C  Enolase, C-terminal TIM barrel domain
   #    score  bias  c-Evalue  i-Evalue hmmfrom  hmm to    alifrom  ali to
envfrom  env to     acc
  ---  ------ ----- --------- --------- ------- -------    ------- -------    ---
----  -------     ----
   1 !  220.2   0.2   4e-69   3.9e-65       2     130 ..     144     272 .]
  143     272 .] 0.99

  Alignments for each domain:
  == domain 1  score: 220.2 bits;  conditional E-value: 4e-69
                    -EE-EE-EEEEE-GGGSSSS--SSEEEEE-TT-
SSHHHHHHHHHHHHHHHHHHHHHCC-GGGG-B-TTS-B----SSHHHHHHHHHHHHHHC CS
            Enolase_C   2 lvlPvPalnvlnGGshadnklalqefmilPvgassfkealrlGaevyhklksvlkkk
ygqsatnvGdeGGfaPdlqsnkealdliveaieka 93
                          +vlPvP++nvlnGGsha+++la+qefmi+P++a++f+ea+r+Gaevy++lks++kkk
ygqsa+nvGdeGG+aPd+q+++ealdli+eaieka
   IACV01087655.1.p1 144 YVLPVPFMNVLNGGSHAGGRLAFQEFMIVPSEAPTFSEAMRQGAEVYQQLKSLAKKK
YGQSAGNVGDEGGVAPDIQTAAEALDLITEAIEKA 235
                          89****************************************************
********************************* PP

(中略)

>> Enolase_N  Enolase, N-terminal domain
   #    score  bias  c-Evalue  i-Evalue hmmfrom  hmm to    alifrom  ali to
envfrom  env to     acc
  ---  ------ ----- --------- --------- ------- -------    ------- -------    ---
----  -------     ----
   1 !  193.3   0.1   1.8e-61   1.8e-57       1     131 []       3     134 ..
    3     134 .. 0.98

(以下略)
```

出力結果には **Enolase_C** はもちろん，**Enolase_N** もヒットがあったことが記載されている。つまり，この配列は Enolase にある N 末端と C 末端の両方のドメインを有していることがわかる。

タンパク質がどのようなドメインの組み合わせを持つのかを**ドメイン構成**（domain architecture）と呼び，InterPro のウェブサイトには特定のドメイン構成をもつ公共 DB 中のタンパク質が検索できる（図 3.21）。注目してい

図 3.21　Enolase_N と Enolase_C の両方をもつ公共 DB 中のタンパク質のドメイン構成　InterPro の検索には by sequence と by text 以外に by domain architecture があり，指定したドメイン構成をもつタンパク質配列を検索することができる。その際に使うタンパク質ドメインのデータベースとして，InterPro か Pfam かを選択できる。

るドメイン構成をもつタンパク質が，どういった生物種に存在するのか，簡単に調べられるのは非常に便利である。

検索結果の可視化

上記の `hmmscan` による検索で，タンパク質のドメイン構成がわかるわけだが，それらの結果であるタンパク質ドメインの構造はグラフィカルに可視化されていたほうがなおわかりやすいだろう。検索されたドメイン構造を可視化する手段として，DoMosaics というプログラムがある（https://domainworld.uni-muenster.de/developing/domosaics/）。もちろん，ある生物がもつすべてのタンパク質配列を一度に可視化しても，それを見る人間のほうが大変なので，`hmmsearch` で興味あるドメインをもつタンパク質に絞って可視化するのがよかろう。DoMosaics の詳細に関しては，統合 TV を参照してほしい（参照）。

統合 TV

「DoMosaics を使ってドメイン構造と系統樹を可視化する」
https://doi.org/10.7875/togotv.2021.045

タンパク質ドメインから立体構造へ

これまでに決定されたタンパク質立体構造はデータベース化され，Protein Data Bank（PDB）におさめられている。大阪大学蛋白質研究所の Protein Data Bank Japan（PDBj）が作成維持管理しているウェブインターフェース（https://pdbj.org/）から簡単に探すことができる。2023 年 5 月の執筆時点で約 20 万エントリ（https://pdbj.org/pdbj-update）と，立体構造が決定されているタンパク質の種類も多くなり，また AlphaFold2 などのタンパク質立体構造予測ツールによって予測されたデータも利用可能となっているので，チェックしてみる価値はあるだろう。3.3 節で紹介した多重配列アラインメントで気になるギャップや保存性の高いところ，また本節で見出したタンパク質ドメインの領域に関しては，立体構造上でどうなっているかをぜひ調べてみるべきである。それを可能とするツールとして，オープンソースの分子グラフィックスツールである PyMol を PC に導入して，立体構造を調べる手順を簡単に説明する。

Apple silicon Mac の場合は Homebrew，それ以外の場合は Anaconda を使って PyMol をインストールする。

```
# HomebrewでPyMolをインストール
% brew install pymol
# AnacondaでPyMolをインストール
% conda install -c conga-forge pymol
# PyMol起動
% pymol
```

File メニュー中の GET PDB から ID を入力すればその立体構造を描画することができる。UniProtKB の Human の HIF1A のエントリには，AlphaFoldによる予測立体構造も含めて PDB に登録されているさまざまな HIF1A の立体構造データがまとめられている（図 3.22，`https://www.uniprot.org/uniprot/Q16665#structure`）。

その中から，PDB ID として **1L3E** を選んで描画してみたのが図 3.23 である。

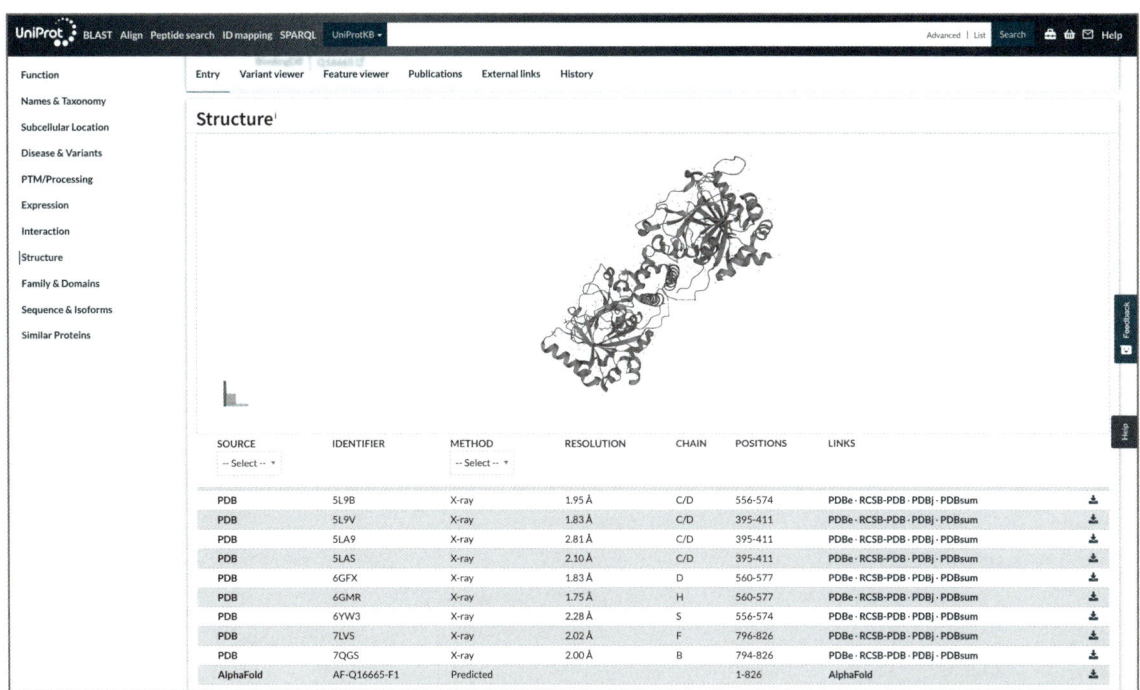

図 3.22 UniProtKB の Human の HIF1A のエントリにまとめられた立体構造情報
HIF1A の立体構造データとして複数の PDB データがまとめられている。

Displayメニューから Sequence を選ぶとこの図のようにタンパク質一次配列が表示される。さらに構造をクリックするとその場所のアミノ酸が選択され，その配列中のどこであったかがハイライトされる。この機能を利用することで，立体構造中の気になる部分が多重配列アラインメント中のどこに相当するか，そこが保存されている場所（酵素の場合，触媒機能に重要なところ）であるかどうかなどを知ることができる。

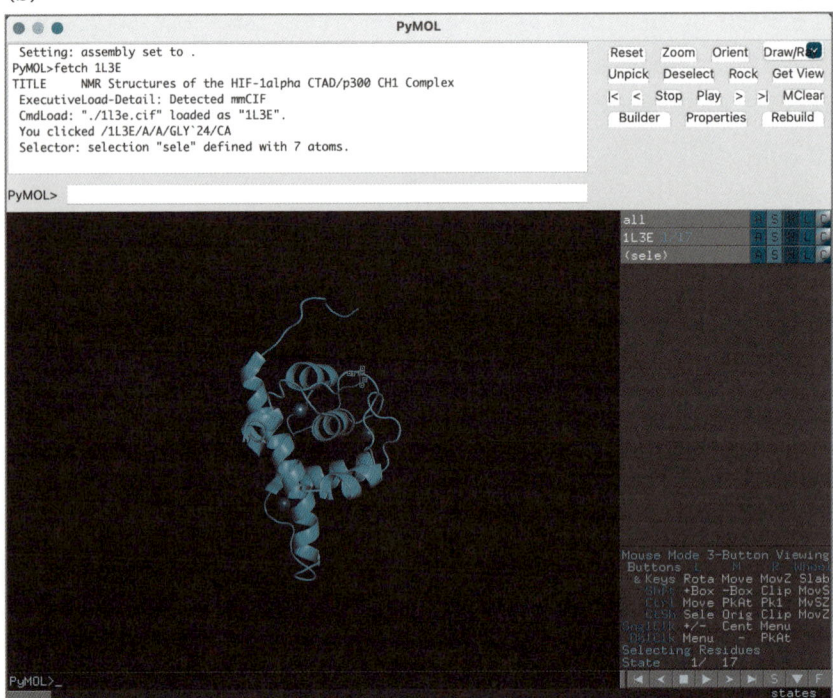

図3.23　PyMolによる立体構造座標情報の可視化
PyMolをコマンドラインから起動後，(a) Fileメニューから GET PDBを選択し1L3Eを入力して，(b) 可視化。立体構造中の任意の場所をクリックするとその場所の情報が表示される。

3.5 トランスクリプトーム解析

発現しているすべての mRNA の量を測定する試みは、トランスクリプトーム（transcriptome）解析と呼ばれ、マイクロアレイ（microarray）によって 1990 年代より行われてきた。マイクロアレイは、ノーザンブロッティング（northern blotting）をミニチュア化し、並列化した実験手法であり、ハイブリダイゼーション（hybridization）によりサンプルに存在していた mRNA の量を多数の遺伝子について一度に測定しようとするものである。

現在は次世代シークエンサーによる配列解読のハイスループット化により、RNA-seq による発現定量が一般化している。そこで本節では、それらの発現定量されたデータの解析に関して、おもに RNA-seq データ解析を中心にその実際を紹介する。

RNA-seq データ解析手法

RNA-seq によって得られたデータ解析の手法は、対象とする生物のゲノム配列が解読され、ゲノムやトランスクリプトーム配列情報があるかどうかによって大きく 2 種類に分かれる。ヒトやマウスをはじめとした多くのモデル生物のように、リファレンスとなるゲノム配列（やトランスクリプトーム配列）がある場合（reference genome-based）には、配列情報を利用した解析手法（それらの配列にマッピングする）となる。他方、ゲノム配列が解読されていない場合（reference genome-free）には、RNA-seq によって解読した transcript の配列を先験的な知識なしにつなぎ合わせる（de novo assembly）データ解析が行われることになる（図 3.24）。

リファレンス配列情報を利用した RNA-seq データ解析手法

まず、リファレンスとなるゲノム配列やトランスクリプトーム配列情報を利用する RNA-seq データ解析から説明する。かつては、解読された RNA 配列をゲノム配列にマッピングする方法（genome mapping）が主流であった（「3.1 ゲノム配列解析の初歩」のゲノムマッピング参照）。その方法の実装として、TopHat によるスプライシングを考慮したゲノムマッピングと、その結果をアセンブルする Cufflinks といったプログラムで計算する手法が行

> 遺伝子発現の解析については、『Dr. Bono の生命科学データ解析第 2 版』の p.176「5.2 遺伝子発現解析」も参照。

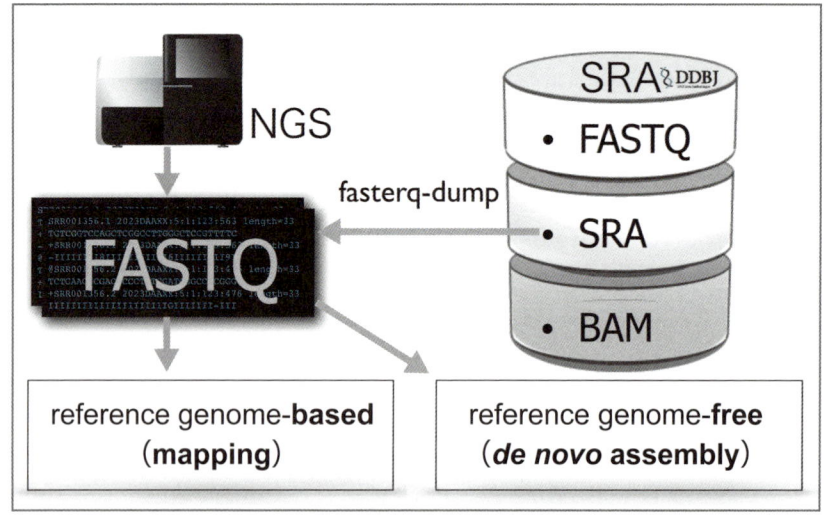

図3.24 RNA-seqデータ解析手法 NGSから，もしくはSequence Read Archive (SRA)から得られたRNA-seqデータには，その生物種のリファレンス配列情報が利用できるかどうかによって，大きく2種類のデータ解析手法に分けられる。

われてきたが，最近ではそれぞれの後継ソフトウェアが開発され，HISAT2とStringTieでそれが計算できるようになっている。

また，より高速な発現定量データ解析手法として，発現定量を主眼とした，ゲノムにアラインメントしない方法（alignment-free）が広く用いられている。この方法では，これまでに知られたすべてのtranscript配列，すなわちトランスクリプトーム配列を使って，そのどれに解読した配列が相当するかをカウントするものである。

これらの方法の特徴と実装に関して，表3.2にまとめた。発現定量解析の例として広まってきた後者の，ゲノムにアラインメントしない方法を紹介する。

表3.2 ゲノムが決定されている生物のRNA-seqデータ解析手法

手法	特徴	実装
genome mapping	ゲノムにマッピングするため，新規のtranscriptをみつけられる可能性があるが，その分データ解析に時間がかかる	TopHat + Cufflinks, HISAT2 + StringTie, RSEM + STAR
alignment-free	これまで知られているトランスクリプトーム配列と照合して各遺伝子の発現値を計算する。非常に高速であるが，新規のtranscriptは発見できない	kallisto, salmon

発現定量解析の実際

ゲノムにアラインメントしない方法の発現定量解析に用いられるプログラムには，kallisto[1] と salmon[2] がある。

1) Bray NL et al., *Nat Biotechnol*. 34, 525 (2016)
2) Patro R et al., *Nat Methods*. 14, 417 (2017)

どちらがいいということは現時点では言えない。しかしながら，salmon のほうが若干速いという第三者によるベンチマーク結果が出ており（Ohta T et al. *GigaScience*, https://doi.org/10.1093/gigascience/giz052），本書では salmon で解析する方法を紹介する。

salmon は Bioconda で簡単にインストールできる＊。執筆時点では，salmon は Apple silicon mac では Bioconda や Homebrew を使ってインストールできない。そこで，salmon に関しては Docker で動かすコマンドラインも併記する。使用した salmon のバージョンは執筆時最新版の 1.10.1 であるが，Bioconda でインストールした際に別のバージョンがインストールされていたりしないか，先に進む前にインストールされた salmon のバージョンを確認した方が良い。

Bioconda をずっと使っていると，指定したバージョンのプログラム（ここでは salmon の 1.10.1）がインストールできないといったトラブルが発生することがある。その場合には miniconda を一度アンインストールして，再度インストールすることをお勧めする。具体的にはホームディレクトリにある miniconda3 ディレクトリ以下を一旦消去し，再度 miniconda をインストールすれば良い。

```
# condaでsalmonをインストール
% conda install salmon=1.10.1
# salmonを引数なしで起動（Docker版）
% docker run -it -v `pwd`:/salmon combinelab/salmon:1.10.1 salmon
# もしくはBiocondaでインストールできたら以下のコマンド
% salmon
salmon v1.10.1

Usage:  salmon -h|--help or
        salmon -v|--version or
        salmon -c|--cite or
        salmon [--no-version-check] <COMMAND> [-h | options]

Commands:
     index Create a salmon index
     quant Quantify a sample
     alevin single cell analysis
     swim  Perform super-secret operation
     quantmerge Merge multiple quantifications into a single file
```

他のツール同様，引数なしで実行した際に「プログラムが見つからない」というエラーメッセージではなく使い方が表示されたら，インストールされているということである。

query配列の取得とその処理

なお，この2つのデータは3.1節の「コマンドラインでのSRAからのデータ取得」においてダウンロードの例に入っている。

salmonによる発現定量解析の例として，低酸素状態のヒトのCell line, RCC4-EV (`DRR100656`) と，低酸素状態をレスキューしたRCC4-VHL (`DRR100657`) のRNA-seqデータを用いる*。下記のコマンドで配列情報を取得する。

```
# DRR100656のSRAファイルをDDBJのFTPサイトから取得
% curl -O ftp://ftp.ddbj.nig.ac.jp/ddbj_database/dra/sra/ByExp/sra/DRX/DRX094/DRX094089/DRR100656/DRR100656.sra
# DRR100657のSRAファイルをDDBJのFTPサイトから取得
% curl -O ftp://ftp.ddbj.nig.ac.jp/ddbj_database/dra/sra/ByExp/sra/DRX/DRX094/DRX094090/DRR100657/DRR100657.sra
```

取得したファイルは，SRA用に圧縮されたSRA形式のファイルである。これを `fasterq-dump` を使ってFASTQファイルを生成する（3.1節参照）。

```
# SRA Toolkitのインストール*
% conda install sra-tools
# 取得してきたSRAファイルの展開
% fasterq-dump DRR100656.sra
% fasterq-dump DRR100657.sra
# できたファイルをチェック
% ls -l
-rw-r--r--  1 bono staff 8210848696  2  2 22:03 DRR100656.sra_1.fastq
-rw-r--r--  1 bono staff 8210848696  2  2 22:03 DRR100656.sra_2.fastq
-rw-r--r--  1 bono staff 8215871450  2  2 22:10 DRR100657.sra_1.fastq
-rw-r--r--  1 bono staff 8215871450  2  2 22:10 DRR100657.sra_2.fastq
```

Apple silicon Macの場合は，Homebrewを使ってインストールする。詳しくは3.1節参照。

これらは，ペアエンド（paired-end）＊リードのため，1 run につき，2つのファイルが生成される。ペアエンド以外にシングルの場合もあるが，`fasterq-dump` はそれを自動で認識して展開してくれる。

＊
DNA断片の両端の配列を読み取る方法のこと。

また，FASTQ はそのままだとテキストファイルで，ファイルサイズが大きいため，`gzip` 圧縮しておく。並列化処理で `gzip` 圧縮してくれる `pigz` コマンドを用いると効率よく圧縮してくれる。

⇨⇨ ペアエンド，シングルリードについては，『Dr. Bonoの生命科学データ解析第2版』のp.108のコラムも参照。

```
# 今いるディレクトリにある.fastqで終わるファイルを全てgzip圧縮
% pigz *.fastq
# 圧縮されたファイルをチェック
% ls -l
-rw-r--r--   1 bono staff 1580318335  2  2 22:03 DRR100656_1.fastq.gz
-rw-r--r--   1 bono staff 1597294028  2  2 22:03 DRR100656_2.fastq.gz
-rw-r--r--   1 bono staff 1533053895  2  2 22:10 DRR100657_1.fastq.gz
-rw-r--r--   1 bono staff 1565040147  2  2 22:10 DRR100657_2.fastq.gz
```

並列版 `gzip` の `pigz` を使ってもすぐには終わらず，それなりに時間がかかる。しかしながら，上の圧縮前のファイルサイズと比較してわかる通り，約 1/5 になっている。ディスクスペースは有限なので，このようにこまめにファイル圧縮を行っておくことがデータ解析においては必須である。

トランスクリプトーム配列の取得とそのindex作成

ゲノムにアラインメントしない方法の発現定量解析では，参照ゲノム配列代わりにリファレンスとするトランスクリプトーム配列を使用する。そのトランスクリプトーム配列として，GENCODE のヒト transcript sequence を GENCODE-Human のページ（https://www.gencodegenes.org/human/）より取得する。

 **Dr. Bono から**
原稿執筆開始時にはGENCODEのバージョンは最新が43であった。本書を読んでいる時点ではさらに新しいバージョンが出ている可能性が大きい。可能な限り新しいバージョンを使うように読み替えてほしい。

```
# ヒトcDNA配列セットをGENCODEから取得
% curl -O https://ftp.ebi.ac.uk/pub/databases/gencode/
Gencode_human/release_43/gencode.v43.transcripts.fa.gz
```

> **コラム** 並列版圧縮プログラム
>
> 本文でも触れたように，**gzip**よりも**pigz**を使うことを推奨する。これらの使用に関しては，「2.2 コマンドラインの基本操作」でも言及したが，ここでそれらのコマンドのインストールと使用法について詳しく述べる。
>
> ```
> # pigzのインストール
> % conda install pigz
> # pigzによるファイル圧縮
> % pigz DRR100656_1.fastq
> ```
>
> 処理が自動的に並列化され，データ解析の実時間での処理時間が大変短くなる。というのは，特にNGSデータ解析において律速となるのはこの種のファイル出入力で，扱うファイルサイズが大きいために時間がかかっているステップが実に多いからだ。特に，データ量が大きく，塩基配列という文字の種類が少ないFASTQファイルの場合は，その恩恵が大きい。ファイルを圧縮したほうがファイルスペースの節約にもなる。ファイル圧縮と展開に時間がかかるため，そのままにしがちであるが，並列化された圧縮プログラムを徹底して使うようにすべきだろう。

取得した配列は**gzip**圧縮されたまま，検索のためのindex作成が可能である。一度作成すると検索対象生物（データセット）を変えない限り，再度作成する必要はない。

```
# salmonのためのindex作成
% time salmon index -p 8 -t gencode.v43.transcripts.fa.gz -i human --gencode
```

```
# Docker版のsalmonのためのindex作成
% docker run -it -v `pwd`:/salmon combinelab/salmon:1.10.1 salmon index -p 6 -t /salmon/gencode.v43.transcripts.fa.gz -i /salmon/human --gencode
```

オプションをいろいろと設定しないといけないので，それを説明する。**-p**で利用可能なスレッド（thread）数を指定する。また，**-t**でindexを作成するデータセットを指定する。**gzip**圧縮されているファイルを直接指定しても処理されるようである。**-i**で作成するindexの名前を指定するほか，

`--gencode` で transcript の FASTA 形式ファイルが GENCODE のそれであることを指定している。

`time`（実はシェルコマンド）を頭につけることで実行時間を計測することができる。下記のように表示され，実行に 1 分 39.88 秒かかったことがわかる*。

```
10m16.625s user 0m4.547s system 621.92 cpu 1m39.880s total
```

この数値はWindowsマシン上のWSL2の場合。Intel Macではほぼ同様の値であったが，Apple silicon MacでのDocker環境では非常に遅く，実時間で85分ほどと，長い時間がかかった。

salmonによる発現定量

準備が整ったので，いよいよ発現定量解析を行う*。

```
# DRR100656に対して発現定量
% salmon quant -l A -i human -1 DRR100656_1.fastq.gz -2 DRR100656_2.fastq.gz -p 8 -o output/DRR100656
# Docker版のDRR100656に対して発現定量
% docker run -it -v `pwd`:/salmon combinelab/salmon:1.10.1 salmon quant -l A -i /salmon/human -1 /salmon/DRR100656_1.fastq.gz -2 /salmon/DRR100656_2.fastq.gz -p 6 -o /salmon/output/DRR100656
# DRR100657に対して発現定量
% salmon quant -l A -i human -1 DRR100657_1.fastq.gz -2 DRR100657_2.fastq.gz -p 8 -o output/DRR100657
# Docker版のDRR100657に対して発現定量
% docker run -it -v `pwd`:/salmon combinelab/salmon:1.10.1 salmon quant -l A -i /salmon/human -1 /salmon/DRR100657_1.fastq.gz -2 /salmon/DRR100657_2.fastq.gz -p 6 -o /salmon/output/DRR100657
```

実行時間は，スレッド数に8を指定したこともあって，Windowsマシン上のWSL2の場合それぞれ約2分半，Intel Macの場合それぞれ約3分であった。またDocker版の場合，使用するCPU数が6と少ないこともあるが，仮想環境での計算であるための影響が大きく，それぞれ約25分かかった。

ペアエンドのファイル名は `-1` と `-2` オプションで指定する。また，librarytype を `-l`（小文字のエル）で指定するが，これは自動検出の `A` を指定すればよい。利用可能なスレッド数は `-p` で指定し，出力先のディレクトリを `-o` オプションで指定する。

計算が終わると出力先ディレクトリにいろいろとファイルができるが，出力先に指定したディレクトリの `quant.sf` ファイルが，発現定量したデータが書き込まれるファイルである。

```
# 出力ファイルを確認
% less output/DRR100656/quant.sf
Name                 Length    EffectiveLength    TPM         NumReads
ENST00000456328.2    1657      1488.323           0.000000    0.000
ENST00000450305.2    632       463.409            0.000000    0.000
ENST00000488147.1    1351      1182.323           14.369818   282.223
ENST00000619216.1    68        30.809             0.000000    0.000
ENST00000473358.1    712       543.381            0.000000    0.000
（以下略）
```

◀ TPMについては、『Dr. Bonoの生命科学データ解析第2版』のp.180も参照。

　一番左のカラムがIDで，左から4番目のカラムがTPM（transcripts per million；100万transcript当たりのtranscript数）という発現値となっている。

Bioconductorのパッケージを使って遺伝子ごとの発現値へ変換

　このままではtranscriptごとのIDで示されているため，どれがどの遺伝子なのかはわからない。また，遺伝子ごとの発現量に変換したほうが後の解析がやりやすくなる。そこで，Bioconductorのパッケージ，tximportを使ってそれを行う（https://doi.org/10.18129/B9.bioc.tximport）。

　まずは，Rをインストールする必要がある。Anacondaでもインストールできるが，Rのバージョンアップが頻繁なため，最新版ではないことが多い。そこで，Rの本家のサイトか，そのミラーCRAN（日本なら，統計数理研究所 https://cran.ism.ac.jp/）のページにある各OS用のリンクから最新版（執筆時点で4.3.0）をダウンロードしてインストールする。

　続いて，Bioconductor（https://bioconductor.org）のインストールを行う。まずはRを起動する。

```
% R
R version 4.3.0 (2023-04-21) -- "Already Tomorrow"
Copyright (C) 2023 The R Foundation for Statistical Computing
Platform: aarch64-apple-darwin20 (64-bit)

R は、自由なソフトウェアであり、「完全に無保証」です。
一定の条件に従えば、自由にこれを再配布することができます。
```

```
配布条件の詳細に関しては、'license()' あるいは 'licence()' と入力してください。

R は多くの貢献者による共同プロジェクトです。
詳しくは 'contributors()' と入力してください。
また、R や R のパッケージを出版物で引用する際の形式については
'citation()' と入力してください。

'demo()' と入力すればデモをみることができます。
'help()' とすればオンラインヘルプが出ます。
'help.start()' で HTML ブラウザによるヘルプがみられます。
'q()' と入力すれば R を終了します。

>
```

プロンプトが出たら，以下のコマンドを入力して，Bioconductor をインストールする．引き続き，tximport を実行するスクリプトで必要となる **tximport**，**readr**，**jsonlite** パッケージをインストールしておく．

```
> if (!require("BiocManager", quietly = TRUE))
    install.packages("BiocManager")
> BiocManager::install("tximport")
> BiocManager::install("readr")
> BiocManager::install("jsonlite")
```

インストールが終了したら Control キーを押しながら d を押して（Ctrl-d）終了する．
Save workspace image? [y/n/c]:
と訊かれるので，'n' を入力して ENTER を押す．

GitHub の **yyoshiaki/ikra**（https://github.com/yyoshiaki/ikra）にある **tximport_R.R** を一部改変したコード **tximport_Rm.R** を利用して複数のサンプルに対して発現マトリックスのデータ変換を行う．

GitHub ファイル取得

このファイル **tximport_Rm.R** は，DrBonoDojo2 GitHub の 3-5 ディレクトリに置いてある．
https://github.com/bonohu/DrBonoDojo2/blob/master/3-5/tximport_Rm.R

```
# メタデータをGENCODEよりダウンロードしておく
% curl -O https://ftp.ebi.ac.uk/pub/databases/gencode/
Gencode_human/release_43/gencode.v43.metadata.HGNC.gz
# outputディレクトリに入る
% cd output
```

GitHub ファイル取得

このファイル `list.csv` は，DrBonoDojo2 GitHub の 3-5 ディレクトリに置いてある。
https://github.com/bonohu/DrBonoDojo2/blob/master/3-5/list.csv

実験の情報をコンマ区切りテキストで以下のように記述して，`list.csv` として `output` ディレクトリに保存しておく。

list.csv

```
name,SRR,Layout
RCC4-EV,DRR100656,PE
RCC4-VHL,DRR100657,PE
```

その上で，以下のコマンドを実行する*。

```
# tximport実行
% Rscript tximport_Rm.R ../gencode.v43.metadata.HGNC.gz list.csv quant.tsv
# 出力確認
% less -x 20 quant.tsv
                    RCC4-EV             RCC4-VHL
A1BG                3.69995261454759    0.678656566384439
A1BG-AS1            0                   0
A1CF                0                   0
A2M                 0                   0
A2M-AS1             0.587337761764159   0
A2ML1               0                   0
A2ML1-AS1           0                   0
A2ML1-AS2           0                   0
A2MP1               0                   0
A3GALT2             1.39699448592555    7.03966894614614
A4GALT              113.010524500334    117.024251623075
（以下略）
```

`less` コマンドの `-x` オプションはタブ区切りデータのタブストップの位置を指定するもので，'`-x20`' とすると，この例のようにカラムの幅が 20byte となり，見やすい表示となる。

ID が遺伝子名となり，なじみのあるデータになった。

発現差解析

単純に RCC4-EV で発現量が高いものから順にみるには，2 番目のカラムで並び替え，値の高いものから表示されるようにすればよい。`sort` コマンドのオプションのうち，`-k2` が 2 番目のカラムで並び替え，`-rn` が数値として大きいものから小さいものへの並び替え，となっている。

```
# outputディレクトリにいたままで実行
# sortコマンドで発現が高いものから順に並び替える
% sort -k2 -rn quant.tsv | less -x 20
MT-ATP8             1725270.41377721    1870954.46504162
MT-CO2              866302.265387513    739106.691161041
MT-ATP6             722815.739559983    770625.196684865
MT-ND4L             554365.425463544    572256.373688662
MT-ND4              440478.264729808    415633.475114425
MT-CO3              399019.22250079     494625.881993827
TMSB10              358214.784948401    174712.474444234
MT-CO1              353225.002416568    398881.531778305
MT-ND3              267341.575269991    222640.327448781
EEF1A1              231839.881499543    188165.172068966
MT-ND2              199800.46406619     195580.82671891
MT-RNR2             176383.927641824    141584.398439669
MT-CYB              171690.264941131    179383.954691947
GAPDH               146103.602767192    94694.6831341993
MTATP6P1            101835.220354476    106119.654073146
RPL41               96030.6763409815    102373.719692081
LDHA                91664.9853468975    23008.2992747809
（以下略）
```

RCC4-EV（低酸素状態）とRCC4-VHL（常酸素状態）を比較して，その差が大きいものから順に出力することを考える。このような解析のことを，differentially expressed genes（DEG）解析と呼ぶ。

❓ 何て呼んだらいいの
DEG
「デグ」

```
# 0で割ることのないよう，一律に1を足してから，発現比を計算し，高いものから順に並べる
% awk '{ print $1"\t"($2+1)/($3+1) }' quant.tsv | sort -k2 -rn > DEG.txt
# 作成したDEGのリストを確認
% less -x 10 DEG.txt
RNU6-36P   2666.62
RNU6-33P   2666.62
CA9        1943.49
KRT81      956.669
MIR590     899.348
NDUFA4L2   748.761
RNU6-403P  721.277
RNU6-343P  721.277
RPL38P4    475.892
```

```
MIR4258     467.087
CALHM6      390.796
SNORD89     385.869
MIR200B     331.634
RNA5SP418   316.779
MIR3942     306.513
RPL23AP82   299.874
MIR635      288.016
RNVU1-7     241.173
TMSB4XP1    221.209
C5orf46     215.792
（以下略）
```

このようにして得られた DEG のリストを使って，エンリッチメント解析（gene set enrichment analysis）を行う．その場合，第 1 カラムの ID だけを抽出しておくのがよいだろう．

```
# IDだけ抽出。先頭20行だけ
% cut -f 1 DEG.txt | head -20
RNU6-36P
RNU6-33P
CA9
KRT81
MIR590
NDUFA4L2
RNU6-403P
RNU6-343P
RPL38P4
MIR4258
CALHM6
SNORD89
MIR200B
RNA5SP418
MIR3942
RPL23AP82
MIR635
RNVU1-7
TMSB4XP1
C5orf46
```

コラム　発現量0とは

マイクロアレイ時代には，データ測定に起因するバックグラウンドがあるため，発現量が0ということはなかった。しかしながらRNA-seq解析においては，cDNAとして配列解読で検出できたリードの数なので，そのtranscriptが1つも検出されなかった場合には0という値が出てくる。この値は，TPMによる補正が入っても，0以上の正の値であることには変わりない。そのため，そのまま割り算したり，対数をとったりするとエラーになるので，工夫が必要である。そこで，本文で紹介したように一律に1や0.01を足して計算するといった方策がとられることが多いようである。

エンリッチメント解析に関しては，さまざまなウェブツールが開発されている。それらに関してはGUIツールのため，本書では詳しく説明しない。統合TVなどを参照されたい（参照）。

多数のサンプルを一気に処理する

上記の例のように，サンプル数が2つぐらいなら1つずつみても問題ない。しかしながら，複数のデータに対してほぼ同じ処理をする場合には操作も大変だし，手作業で行うことによるエラーも問題になってくる。そのときに，CLIによるデータ操作が威力を発揮する。

多数のサンプルのRNA-seqデータ解析として，15のRNA-seq RUNからなるカイコトランスクリプトームデータ（SRAのProjectID：DRP003401）を例に説明する（表3.3）。

▶ 統合TV

「Metascapeを使って，遺伝子リストの生物学的解釈をする」
https://doi.org/10.7875/togotv.2016.135

表3.3　例として用いたカイコ5組織のRNA-seqデータのSRA登録ID（RUN）

testis	fat body	midgut	malpighian tubule	silk grand
DRR068893	DRR095105	DRR095108	DRR095111	DRR095114
DRR068894	DRR095106	DRR095109	DRR095112	DRR095115
DRR068895	DRR095107	DRR095110	DRR095113	DRR095116

5種類の組織について，それぞれ3回繰り返し（triplicate）ているので，15サンプル分のRNA-seqデータがある。

まずは関連するデータのダウンロードだが，SRAファイルをバッチ取得する．そのために，まずNCBIのSRA Run Selectorを使って，DRP003401に紐づくすべてのRUNのAccessionアドレスが書かれたファイルを取得する（図3.25, 3.26）。

> **GitHub ファイル取得**
>
> これらのファイル `DRR.py`, `DRR-GET.sh` は，DrBonoDojo2 GitHubの3-5ディレクトリに置いてある。
> https://github.com/bonohu/DrBonoDojo2/blob/master/3-5/

取得したファイル（デフォルトでは `SRR_Acc_List.txt` というファイル名になっている）を使って，相当するSRAファイルをバッチする．

その後，SRAファイルをFASTQ形式に変換する．

prefetchでは，それぞれのIDの名前のディレクトリが作成され，その中にSRAファイルが .sraという拡張子で作成されるため，以下のようなファイル指定 (*/*.sra) が必要となる

```
# prefetch実行
% prefetch --option-file SRR_Acc_List.txt
# SRAからFASTQへの変換*
% for f in */*.sra; do
  echo $f
  fasterq-dump $f
done
% pigz *.fastq
```

このデータ取得とFASTQへのファイル変換は時間がかかる．その間に，カイコのトランスクリプトームリファレンスデータを取得して，`salmon` で発現定量するためにindexを作成しておく*。

カイコトランスクリプトーム論文（https://doi.org/10.3390/insects12060519）によると，その配列セットはTranscriptome Shotgun Assembly (TSA)にID: ICPK01で登録したとあるので，そこ（https://www.ncbi.nlm.nih.gov/Traces/wgs/ICPK01）から一括ダウンロードが可能なURLを得る．

```
# リファレンスデータ取得
% curl -O https://sra-download.ncbi.nlm.nih.gov/traces/wgs01/wgs_aux/IC/PK/ICPK01/ICPK01.1.fsa_nt.gz

# Docker版 index作成
% docker run -it -v `pwd`:/salmon combinelab/salmon:1.10.1 salmon index -p 8 -t /salmon/ICPK01.1.fsa_nt.gz -i /salmon/silkworm

# もしくはsalmonがシステムにインストールできている場合
% salmon index -p 8 -t ICPK01.1.fsa_nt.gz -i silkworm
```

すべてのSRAを取得し，FASTQへの変換が終了したら，`salmon quant` をやはりバッチで実行する．そのために，以下のようなバッチスクリプト（`run-salmon.sh`）を利用する．

3.5 トランスクリプトーム解析

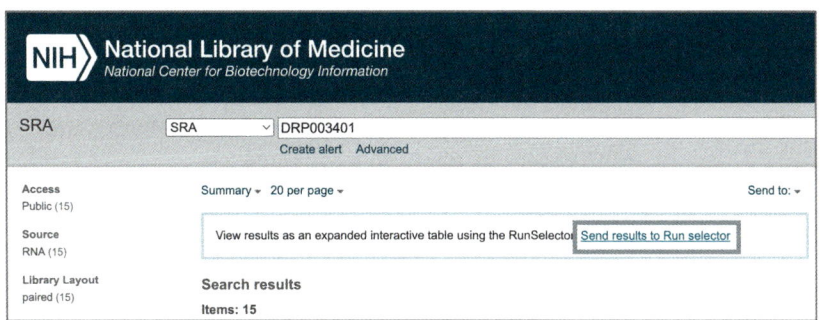

図3.25 SRA Run selectorへのリンク生成 NCBI SRAで'DRP003401'をキーワードに検索すると，その検索結果の上部にSRA Run selectorへのリンクが表示される。

図3.26 SRA Run selector SRA Run selectorのSelectにある'Accession List'をクリックするとSRR_Acc_List.txtがダウンロードできる。

run-salmon.sh

```
#!/bin/bash
p=8
for drr in */*.sra; do
 drr=`basename $drr`; echo ${drr%.*}
 salmon quant -l A -i silkworm -1 ${drr}_1.fastq.gz -2 ${drr}_2.fastq.gz -p $p -o output/$drr
done
```

Dockerでは下記の通り。

run-salmon.sh（Docker版）

```
#!/bin/bash
p=8
for drr in */*.sra; do
 drr=`basename $drr`; drr2=${drr%.*}
 echo $drr2
 docker run -it -v `pwd`:/salmon combinelab/salmon:1.10.1 salmon quant -l A -i /salmon/silkworm -1 /salmon/${drr2}_1.fastq.gz -2 /salmon/${drr2}_2.fastq.gz -p $p -o /salmon/output/${drr2}
done
```

GitHub ファイル取得

このファイル `run-salmon.sh` は、DrBonoDojo2 GitHubの3-5ディレクトリに置いてある。
https://github.com/bonohu/DrBonoDojo2/blob/master/3-5/run-salmon.sh

2行目のpの値はスレッド数なので，より大きな値を設定できるマシンの場合はその数字にしたほうが，プログラムの実行は早く終わる。ポイントは4行目に出ている `` `basename $drr` `` とシェル変数 `${drr%.*}` である。3行目のfor文で `drr` という変数に例えばDRR068894/DRR068894.sraという値が入っているところを `drr=` `` `basename $drr` `` によってディレクトリ部分は除かれて，ファイル名（DRR068894.sra）だけになり，さらにファイル名の `.sra` を切り取った値（DRR068894）が `${drr%.*}` に入ることになる。例えば，`DRR068894.sra_1.fastq.gz` など，ファイル名がある一定の規則で決まっているファイルを指し示せるようになっている。以上の内容を `run-salmon.sh` というファイル名で保存し，実行する。

```
# バッチスクリプト実行
% sh run-salmon.sh
```

バッチスクリプトによるsalmonの繰り返しの実行が無事終了したら，次に今後のデータ解析に使う発現行列（expression matrix）をコマンドライ

ンで作成する。

```
# salmonの出力
% for drr in */*.sra; do
drr=`basename $drr`
cut -f4 output/${drr%.*}/quant.sf > output/${drr%.*}/quant.tpm
done
# 1番目（一番左）のカラムはIDなので，それを抽出
% cut -f 1 output/DRR068893/quant.sf > output/lefter.txt
# ファイル群を横方向に連結
% paste output/lefter.txt output/*/quant.tpm > output/kaiko_5tissues.txt

# 結果ファイルをみる
% less -S output/kaiko_5tissues.txt
Name              TPM        TPM        TPM        TPM        TPM        TPM
ICPK01000001.1    0.203142   0.146800   0.225562   0.071267   0.041020   0.062565>
ICPK01000002.1    0.000000   0.000000   0.000000   0.000000   0.000000   0.000000>
ICPK01000003.1    0.249875   0.240947   0.192262   0.093139   0.062212   0.029979>
ICPK01000004.1    3.436460   0.000000   0.000000   0.000000   0.000000   0.000000>
ICPK01000005.1    0.000000   0.000000   0.000000   0.000000   0.000000   0.000000>
ICPK01000006.1    0.000000   0.000000   0.000000   0.000000   0.000000   0.000000>
ICPK01000007.1    0.000000   0.000000   0.000000   0.000000   0.000000   0.000000>
ICPK01000008.1    0.000000   0.000000   0.000000   0.000000   0.000000   0.000000>
ICPK01000009.1    0.544722   0.710248   0.377909   0.000000   0.000000   0.000000>
ICPK01000010.1    0.000000   0.000000   0.000000   0.000000   0.000000   0.000000>
（以下略）
```

何もしなければ，ヘッダ行が全部同じ「TPM」となってしまっているので，書き直す必要がある。このようにヘッダ行はきちんとチェックしないといけない。データを取り違えて解釈しないためには，この種の実験データのデータであるメタデータが非常に重要である。

```
# salmonの出力（メタデータを入れたバージョン）
% for drr in */*.sra; do
drr=`basename $drr`
 cut -f4 output/${drr%.*}/quant.sf | tail -n +2 > tmp.tpm
 echo ${drr%.*} > header.txt
 cat header.txt tmp.tpm > output/${drr%.*}/quant.tpm
done
```

```
# ファイル群を横方向に連結
% paste output/lefter.txt output/*/quant.tpm > output/
kaiko_5tissues2.txt

# 結果ファイルをみる
% less -S output/kaiko_5tissues2.txt
```

　主成分分析については，『Dr. Bonoの生命科学データ解析第2版』のp.157「主成分分析」も参照。

PCAの図を対話的に出さないのであれば，特にRStudioをインストールしなくてもR単体だけで以下のRのコードは実行可能である。

▶ 統合TV

「RstudioでRを直感的に使おう MacOS版2017」
https://doi.org/10.7875/togotv.2017.043

これらの複数のデータポイントは，最終的には主成分分析（principal component analysis：PCA）で分類するとよい（図3.27）。PCAは，追加インストールなしのR上で実行できる。可視化を伴うRの計算の場合には，Rstudioを用いるのが便利であるので，RStudioを追加でインストールして*以下のコードを入力してみよう（Rstudioについては，統合TV ▶などを参照）。

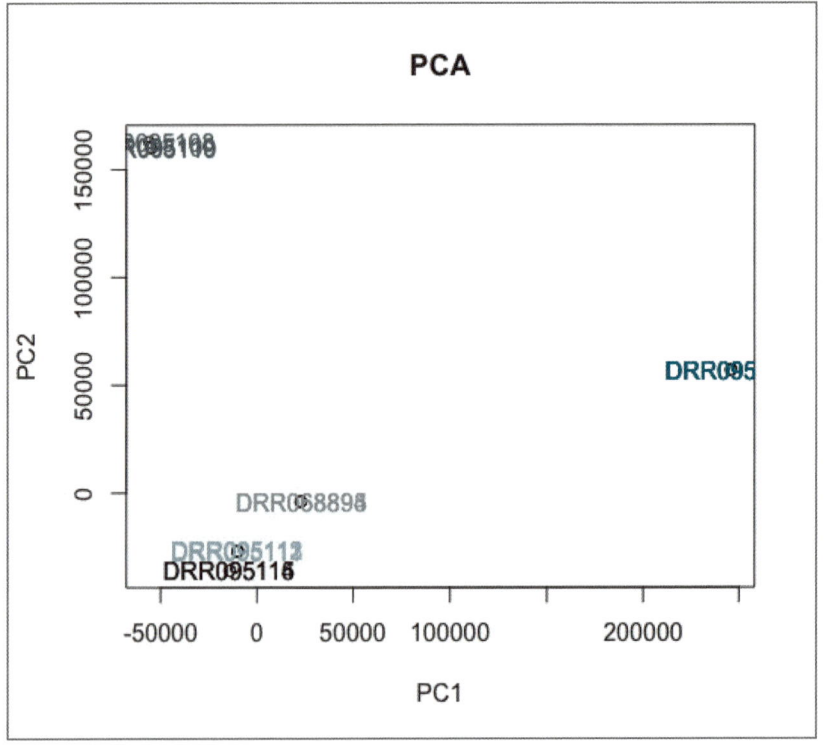

図3.27　主成分分析によるサンプルの解析　3回の繰り返し実験（triplicate）はほぼ同じ点として表現され，biological replicaの実験の再現性が非常によいことを示している。

```
# RStudioを起動して以下のコードを入力していく
# 上部のメニューから「Session」→「Set Working Directory」→「Choose Directory」から現在作業しているディレクトリ（例え
ば/Users/bono/Downloads/datadojo）を選んでおく
> data <- read.table("output/kaiko_5tissues2.txt", header=TRUE, row.names=1,
sep="\t", quote="")   # タブ区切りのデータを読み込み
> data.pca <- prcomp(t(data))   # 主成分分析を実行
> names(data.pca)   # 名前を得る
[1] "sdev"     "rotation" "center"   "scale"    "x"
> data.pca.sample <- t(data) %*% data.pca$rotation[,1:2]   # 行列を転置
> plot(data.pca.sample, main="PCA")   #PCAの結果をプロット
> text(data.pca.sample, colnames(data), col = c(rep("red",3), rep("blue",3),
rep("green",3), rep("cyan",3), rep("black",3)))   # ラベルをつけて，色づけ
> summary(data.pca)   # 寄与率を見る
Importance of components:
                           PC1       PC2       PC3       PC4       PC5
Standard deviation     1.107e+05 7.556e+04 4.632e+04 4.053e+04 915.60514
Proportion of Variance 5.633e-01 2.625e-01 9.864e-02 7.552e-02   0.00004
Cumulative Proportion  5.633e-01 8.257e-01 9.244e-01 9.999e-01   0.99994
                           PC6       PC7       PC8       PC9  PC10  PC11   PC12
Standard deviation     780.67875 452.05034 425.11355 382.87674  289 198.6  141.9
Proportion of Variance   0.00003   0.00001   0.00001   0.00001    0   0.0    0.0
Cumulative Proportion    0.99997   0.99998   0.99999   0.99999    1   1.0    1.0
                        PC13  PC14      PC15
Standard deviation     131.8 90.09 2.428e-10
Proportion of Variance   0.0  0.00 0.000e+00
Cumulative Proportion    1.0  1.00 1.000e+00
```

> コラム
>
> ## Jupyter notebook
>
> 　プログラムはいきなり完成品ができるのではなく，試行錯誤して書き換えていくのが常である．そのための環境として，おもにPythonでの開発に向けてiPython notebookが開発され，使われてきた．これは図3.28にあるように，ターミナルのコマンドラインではなく，**ウェブブラウザ上で**対話的にプログラムのコードを記載しながらプログラム開発を行うツールである．現在では，Python以外の言語にも使えるようになり，名前もJupyter notebookとなってプログラム作成環境として利用されている．コメントなどもたくさん書けるので，コードを他の人に見せる際のツールとして広く使われている．編集したコードは自動的にファイルに保存され（この例の場合，**HN-ratio_log2.ipynb**），そのファイルを渡すことでコードの実行結果を共有することができる．なおこの例は，bonohulabの大学院生が低酸素ストレスの前後のトランスクリプトーム変動のメタ解析研究のために作成したもので，すでに出版された論文（https://doi.org/10.3390/biomedicines9050582）とともにGitHubに公開されているものである．

PCAを行うことで，RNA-Seq RUNの間の発現の類似性が一目でわかるようになる。また，第1主成分の寄与率は **5.633e-01** = 0.5633 = 56.3%で，第2主成分は **2.625e-01** = 0.2625 = 26.3%なので，第2主成分までの累積寄与率（cumulative proportion）は，82.6%になる。これはすべての遺伝子の発現値のベクトルを二次元で表現したときに情報の欠失が17.4%しかなかったということを示している。同様に第3主成分まで入れると（第3主成分の寄与率が9.86%なので），累積寄与率は92.4%である。第3主成分までのたった三次元のベクトルで，情報の欠失が少ない，つまり多くの情報が保持されているということになる。主成分分析の結果を評価する際には，このように累積寄与率の値にも注意してみるようにすべきである。

図3.28 Jupyter notebook
Jupyter notebook形式でGitHubで公開されたPythonコードの実例。
https://github.com/no85j/hypoxia_code/blob/master/CodingGene/HN-ratio_log2.ipynb より作者の許可を得て転載。

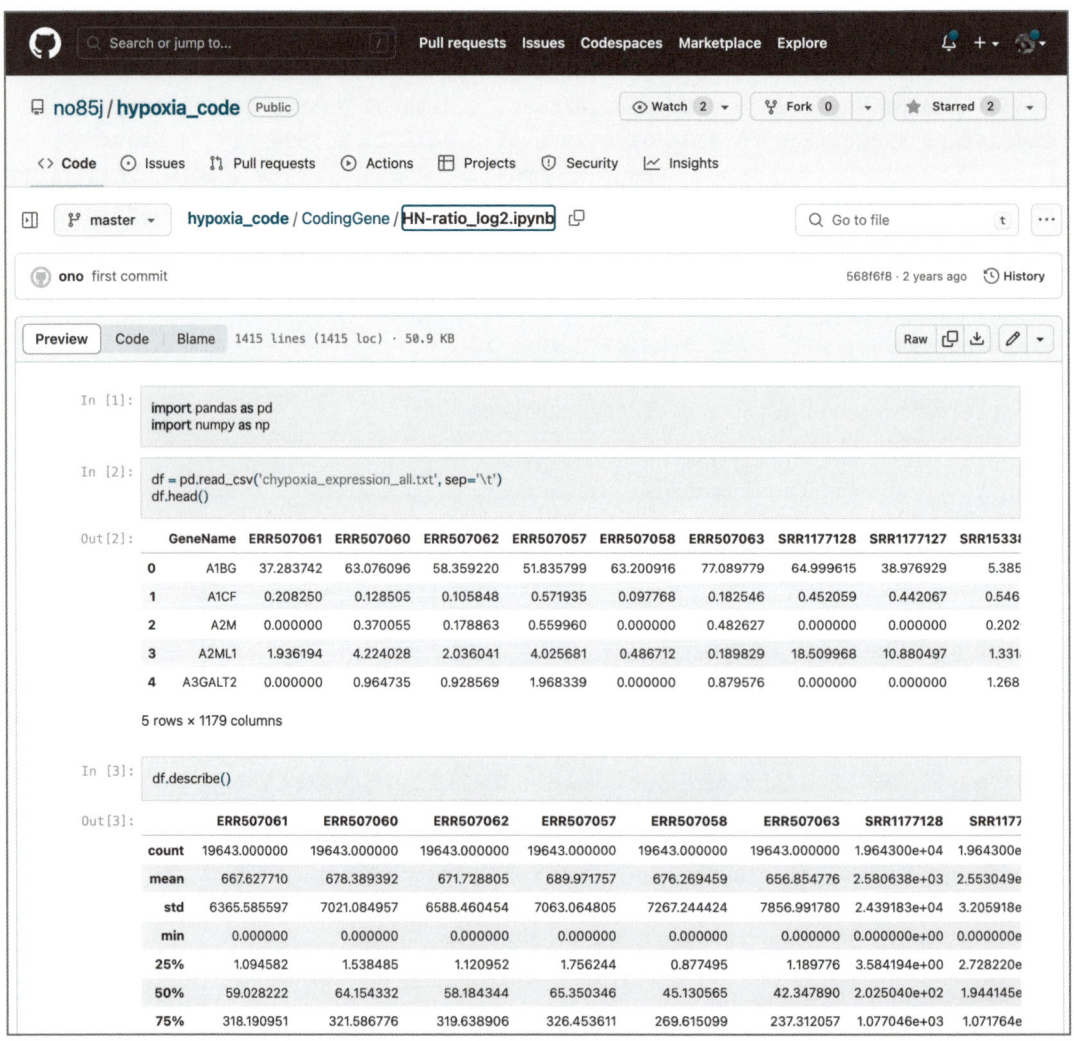

参照ゲノム配列なしのRNA-seq解析手法

参照ゲノム配列がない，もしくはあってもリファレンスとする品質に達したものが公開されていない場合には，それら抜きでRNA-seqデータ解析する必要がある。その手法が，*de novo* transcriptome assemblyと呼ばれる手法で，解読したRNAそのものの配列をつなぎ合わせてトランスクリプトーム配列を作成する。具体的なデータ解析の流れは図3.29のとおりとなっている。

⇨ *de novo* assemblyについては，『Dr. Bonoの生命科学データ解析第2版』のp.33も参照。

ここでは，前述したカイコのtestis（精巣）から得られた配列データ（DRR068893，DRR068894，DRR068895）を例に参照ゲノム配列なしのRNA-seqデータ解析の流れを説明する。

入力配列の品質管理

2020年代のショートリードシークエンサーから得られた配列は非常に質が高くその必要もないレベルとなっているが，データ解析においては過去に配列解読したデータを利用したりすることがある。特に，この参照ゲノム配列なしの解析手法の場合には，配列の品質がかなり問題になるので，解析に使用する配列は事前にトリミングと呼ばれる処理を行い，ある一定以上の品質となるように品質管理（quality control：QC）を行う必要がある。cutadaptによるトリミングとFastQCによるQCを順にやってくれるプログラムTrim Galore!の代わりに最近よく使われるようになってきた`fastp`を使用する例を以下で紹介する。使った`fastp`のバージョンは，0.23.4（Docker版では0.20.1）でまだバージョン1になっていないということもあ

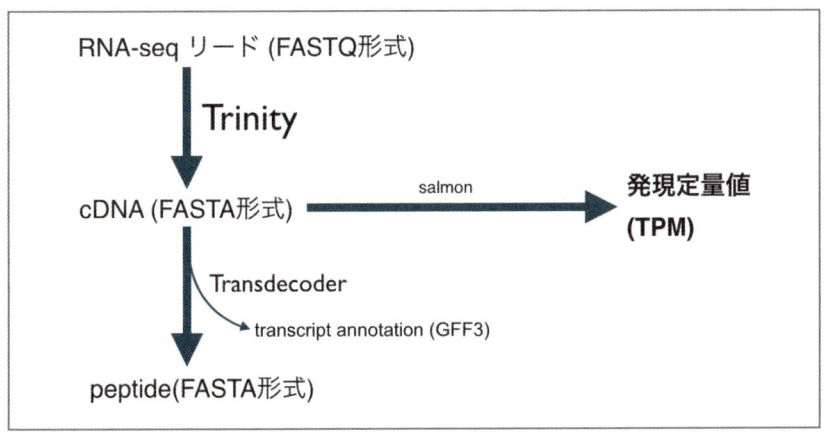

図3.29 参照ゲノム配列なしのRNA-seqデータ解析の流れ

り，今後仕様が大きく変わる可能性もあるので利用する際には注意が必要である。

```
# Biocondaによるfastpのインストール
% conda install fastp
# 出力先ディレクトリの作成
% mkdir fastp
# fastpのバッチ実行
% for drr in DRR068893 DRR068894 DRR068895; do
 fastp -i ${drr}_1.fastq.gz -I ${drr}_2.fastq.gz -o fastp/${drr}_1.
fq.gz -O ${drr}/${drr}_2.fq.gz -h fastp/${drr}_report.html -w 8
done
```

```
# Docker版の場合
# 出力先ディレクトリの作成
% mkdir fastp
# Dockerを使ったfastpのバッチ実行
% for drr in DRR068893 DRR068894 DRR068895; do
 docker run -it -v `pwd`:/d biocontainers/fastp:v0.20.1_cv1 fastp -i
/d/${drr}_1.fastq.gz -I /d/${drr}_2.fastq.gz -o /d/fastp/${drr}_1.
fq.gz -O /d/fastp/${drr}_2.fq.gz -h /d/fastp/${drr}_report.html -w 8
done
```

　DRR068893 を例としてファイルやオプションの説明をする。まず入力ファイルはそれぞれ -i と -I オプションで `DRR068893_1.fastq.gz` と `DRR068893_2.fastq.gz` を指定している。次に出力結果の FASTQ ファイルはそれぞれ -o と -O オプションで `fastp/DRR068893_1.fq.gz` と `fastp/DRR068893_2.fq.gz` を指定している。-w オプションでスレッド数を指定している（この場合 8）。最後に `fastp` によるレポートのファイルは `fastp/DRR068893_report.html` と指定しており，この結果はウェブブラウザで開くことでその結果を閲覧できる。以下のコマンドで CLI から簡単に開くことができる。

```
# fastp reportファイルを開く(MacOS)
% open fastp/DRR068893_report.html
# fastp reportファイルを開く(WSL2)
% explorer fastp/DRR068893_report.html
```

FASTQファイルは1つあたり数Gbyteもありファイルサイズが大きいので，トリミング前の配列は消してしまっても問題ない。オリジナルのファイルは `.sra` 形式のファイルであるので，必要になればすぐに `fasterq-dump` で生成することができるからである。それらのファイルを一気に消す場合は，以下のコマンドを実行するとよい。

```
# 不要なFASTQファイルを消去
% rm DRR*.fastq.gz
```

その後の解析

図3.29にあるようにTrinityというプログラムを使って de novo transcriptome assembly を行うのであるが，この実行は時間もかかり高度な内容となるので本書では触れない。Trinityによって得られた転写配列セット（DNA配列，FASTA形式）は主に2種類の解析手法がある（図3.29）。

その一つが，DNA配列となっているそれらのデータをタンパク質配列セットに翻訳することである（図3.29下）。これは3.4タンパク質構造解析の節で説明したTransDecoderによるタンパク質コード領域予測と同様なので，ここでは詳細を省略する。

また，もう一つが，アッセンブルした配列に対してシークエンスリードをマップして発現定量を行うことである（図3.29右）。こちらは本節で説明したsalmonを使う発現定量手法と全く同じなので，ここでは詳細は省略する。

3.6　データ統合解析

コマンドライン（CLI）でのデータ解析の有用性が光るのは,別の種類のデータを研究者の知識によって結びつける, データ統合解析においてであろう。特にデータの連結操作において, その威力を発揮する。公共データと手持ちのデータを連結することで, より解釈しやすいようにする方法について紹介する。

■ リファレンスデータセット

塩基配列やアミノ酸配列データだけがデータではない。その遺伝子がどういった機能をもつかなど, 配列データには多くの情報がアノテーションされている。また, さまざまな組織においてどういった遺伝子発現プロファイルをもつか, これまでの行われた実験のデータをリファレンスとして用いることもできる。

そういったリファレンスとすべきデータセットはリファレンスデータセットと呼ばれ, データ解析をする上で非常に重要である。まずは, それらの情報にどういったものがあるのかを紹介する。

遺伝子アノテーションデータ

現代のデータ解析では, 多くのデータはもはや自ら出したデータだけでは解釈できない。すなわち, 自らのデータを, 公共データベースに施された機能アノテーションに紐づけてデータ解析するのが定石である。その機能アノテーションのソースとしては, NCBI で維持管理されている RefSeq がよく使われている。

また, EBI で維持管理されている Ensembl は, 生物種間比較を行う際に便利なリファレンスセットということで, Dr. Bono は日常的に使っている。Ensembl はゲノム配列解読がなされた高等真核生物に対して遺伝子, 転写産物, タンパク質を中心にさまざまな生物学データが統合されているデータベースであり, 公共 DB に登録されたデータがまとめられているため, 再利用に適している。Ensembl の ID はヒトの場合, 遺伝子は **ENSG** からはじまる 15

何て呼んだらいいの
RefSeq
「レフセック」あるいは
「レフシーク」

Refseq については, 『Dr. Bono の生命科学データ解析第2版』のp.35「使いやすさのための二次データベース」も参照。

何て呼んだらいいの
Ensembl
「アンサンブル」
GENCODE
「ジェンコード」

桁のID，転写産物はENST，タンパク質はENSPからはじまる15桁のIDとなっており，IDをみただけでどの生物のどの種類のデータであるかがわかるようになっている。ヒトやマウスのRNA-seqデータ解析においてリファレンスデータセットとして使われることが多くなっているGENCODEのデータも，このEnsemblをもとに作られている。

このEnsemblのデータ検索システムEnsembl BioMartは特に秀逸で，必要なカラムだけを抽出して対応表データを対話的に生成できる（https://www.ensembl.org/biomart/martview）。Gene Ontology（GO）や予測されたタンパク質ドメインのアノテーション情報は，このEnsembl BioMartを使うことで遺伝子名などとの対応表を作成することができる。また，ヒトとマウスをはじめとしたさまざま生物種間のオーソロガス遺伝子（オーソログ）対応表も簡単に作成できる。APIもあるが，ウェブインターフェースを使って対話的にデータを取得してくるのがよいだろう。

Ensembl BioMartではFiltersをかけなければ該当するデータ全てを取ってくることができるので，必要なデータカラムだけ選択してあとは手元のCLIで操作することをおすすめする。ここでは，DatabaseとしてEnsembl Genes 109, DatasetとしてHuman genes (GRCh38.p13)を選んだのちに，Gene name以外にGO term accession, GO term name, GO term evidence code＊を取ってきたデータを例に説明する。その4つにチェックを入れて，Export all results toでCompressed file (.gz)とTSVを選択し，Unique results onlyにチェックを入れてダウンロードする（図3.30および統合TV参照）。

 何て呼んだらいいの
Ensembl BioMart
「アンサンブルバイオマート」

 オーソロガス遺伝子については，『Dr. Bonoの生命科学データ解析第2版』のp.162「オーソログとパラログ」も参照。

＊ GO evidence codeとはそのアノテーションの根拠となる情報で全てのアノテーションに付けられている（http://geneontology.org/docs/guide-go-evidence-codes/ 参照）。例えば，IDAはInferred from Direct Assayの略である（p.188参照）。

 統合TV
「Ensembl BioMartの使い方」
https://doi.org/10.7875/togotv.2022.025

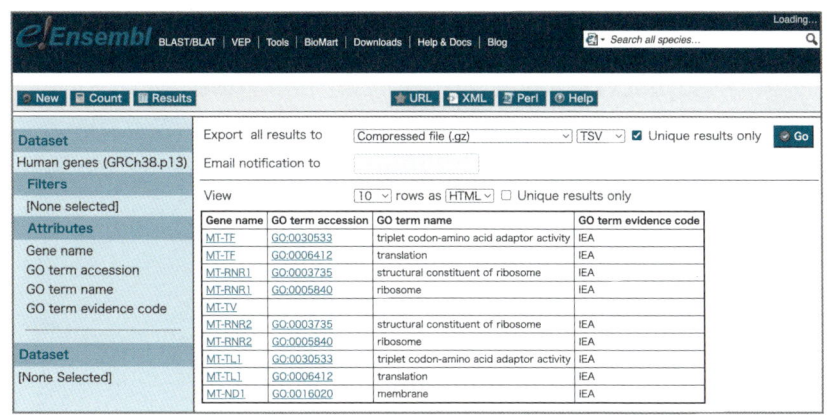

図3.30 Ensembl BioMartによるデータ取得

`mart_export.txt.gz` というファイルがダウンロードされるので，展開して中身を確認する。

```
% less -x 10 mart_export.txt
Gene name GO term accession  GO term name            GO term evidence code
MT-TF     GO:0030533         triplet codon-amino acid adaptor activity
IEA
MT-TF     GO:0006412         translation         IEA
MT-RNR1   GO:0003735         structural constituent of ribosome      IEA
MT-RNR1   GO:0005840         ribosome    IEA
MT-TV
MT-RNR2   GO:0003735         structural constituent of ribosome      IEA
MT-RNR2   GO:0005840         ribosome    IEA
MT-TL1    GO:0030533         triplet codon-amino acid adaptor activity
IEA
MT-TL1    GO:0006412         translation         IEA
MT-ND1    GO:0016020         membrane    IEA
MT-ND1    GO:0005739         mitochondrion       IEA
MT-ND1    GO:0005743         mitochondrial inner membrane    IEA
MT-ND1    GO:0005515         protein binding     IPI
MT-ND1    GO:0031966         mitochondrial membrane          IDA
MT-ND1    GO:0070469         respirasome         IEA
MT-ND1    GO:0022900         electron transport chain        IEA
（以下略）
```

結果は指定した通りタブ区切りテキストとして出力される。出力結果を見ると第1カラム以外はデータがないものも含まれているが，後の処理で除かれるので気にしなくて良い。ここでは "GO:0061621 canonical glycolysis" がアノテーションされた遺伝子を抜き出してみる。

Gene Ontology の検索はオリジナルのサイト http://geneontology.org などで可能である。

```
% grep GO:0061621 mart_export.txt | less -S
FOXK1     GO:0061621         canonical glycolysis        IDA
PFKL      GO:0061621         canonical glycolysis        IBA
HK2       GO:0061621         canonical glycolysis        TAS
PFKM      GO:0061621         canonical glycolysis        IBA
PFKM      GO:0061621         canonical glycolysis        IEA
FOXK2     GO:0061621         canonical glycolysis        ISS
FOXK2     GO:0061621         canonical glycolysis        IEA
PGAM2     GO:0061621         canonical glycolysis        IEA
```

```
ENO2    GO:0061621    canonical glycolysis    IEA
TPI1    GO:0061621    canonical glycolysis    IEA
PGK1    GO:0061621    canonical glycolysis    IEA
GCK     GO:0061621    canonical glycolysis    TAS
PFKP    GO:0061621    canonical glycolysis    IBA
HK1     GO:0061621    canonical glycolysis    TAS
HK1     GO:0061621    canonical glycolysis    IEA
HK3     GO:0061621    canonical glycolysis    TAS
PKM     GO:0061621    canonical glycolysis    IEA
ENO3    GO:0061621    canonical glycolysis    IEA
ENO1    GO:0061621    canonical glycolysis    IDA
ENO1    GO:0061621    canonical glycolysis    IMP
```

さまざまな Evidence code で付けられているが，glycolysis に関係のある遺伝子が抽出できた。見ての通りいくつかの遺伝子は Evidence コードが複数あって，重複しているものもある。そこで遺伝子名だけを抽出するときに sort コマンドとオプション -u を使って以下のように遺伝子名だけのファイルを作成する。

```
% grep GO:0061621 mart_export.txt|cut -f1|sort -u > GO:0061621.txt
```

このように特定の GO term がアノテーションされた遺伝子リストを作成することができる。

遺伝子発現のリファレンスデータセット

遺伝子発現に関しても，FANTOM や GTEx といった大規模な遺伝子発現解析によるデータセットが公開されており，再利用可能となっている。ライフサイエンス統合データベースセンター（DBCLS）が提供する RefEx（https://refex.dbcls.jp/）では，4 種類の発現定量手法による遺伝子発現データを公共データベースから集めており，遺伝子発現のリファレンスデータセットを提供している。それを使えば自らの発現データと比べることができる（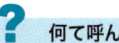参照）。RefEx のサイトから「ダウンロード」を選ぶと，各手法によるリファレンスデータセットがタブ区切りテキストとして用意されたダウンロードページにアクセスできる（図 3.31）。

> **？ 何て呼んだらいいの**
> **FANTOM**
> 「ファントム」
> **GTEx**
> 「ジーテックス」
> **RefEx**
> 「レフェックス」

 統合 TV

「RefEx の使い方」
https://doi.org/10.7875/togotv.2014.009

図3.31 RefExのダウンロード画面

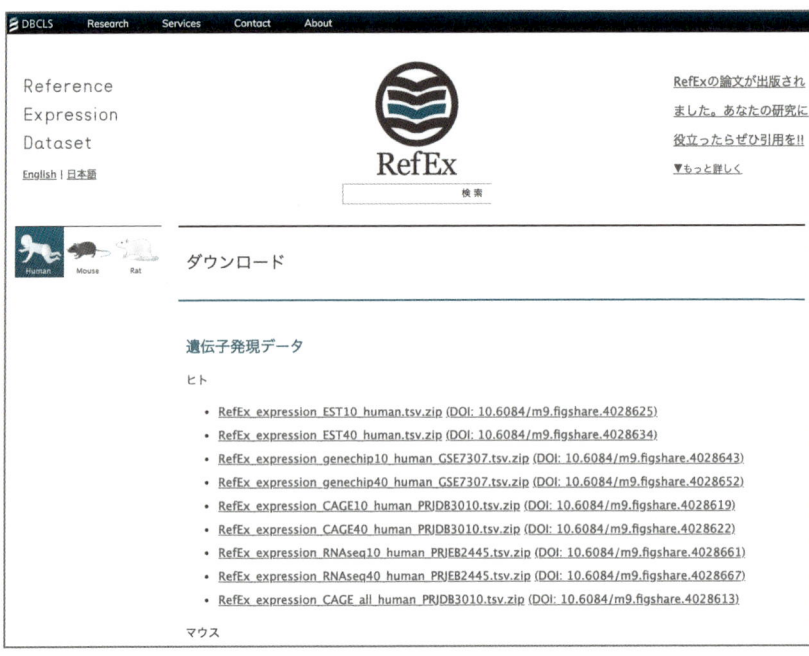

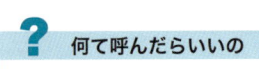

何て呼んだらいいの

figshare
「フィグシェア」
DOI
「ディーオーアイ」
CAGE
「ケージ」

 統合TV

「figshareの使い方」
https://doi.org/10.7875/togotv.2016.034

　これらのデータはすべてfigshareにアップされている。figshareとは，研究者が研究の過程で得た図表やその他の付随するデータをクラウド上で公開するシステムである。データをfigshareで公開すると図3.31にあるようにDOI (digital object identifier) が付与される。例えば，ヒトのCAGE (cap analysis of gene expression) データの場合，DOIとして `10.6084/m9.figshare.4028613` がついており，このIDの前にhttps://doi.org/をつけたURL，https://doi.org/10.6084/m9.figshare.4028613 からそのデータに直接アクセスすることができる（▶参照）。

　このデータをダウンロードすると `RefEx_expression_CAGE_all_human_PRJDB3010.tsv` というファイルができるが，カラム数（列の数）が非常に多い。このようにカラムが非常に多いデータはGUIでは処理するのが困難で，コマンドラインで処理する必要がある。

　データ処理の手始めとしてまず，カラム数がいくつあるか，数えてみよう。先頭1行目はヘッダで，どういったサンプルであるかを記述した行である。その行を取り出し，タブを改行に変換して，行番号をつけてみてみることにしよう。今回は，`less` の `-N` オプションを使って表示する行に行番号を付けることで数えてみることにする。

```
# 先頭1行を切り出し，その出力にあるタブを全て改行文字に変換
% head -1 RefEx_expression_CAGE_all_human_PRJDB3010.tsv | perl -pe 's/\t/
\n/g' | less -N
1 NCBI_GeneID
2 acantholytic squamous carcinoma cell line:HCC1806
3 acute lymphoblastic leukemia (B-ALL) cell line:BALL-1
4 acute lymphoblastic leukemia (B-ALL) cell line:NALM-6
5 acute lymphoblastic leukemia (T-ALL) cell line:HPB-ALL
6 acute lymphoblastic leukemia (T-ALL) cell line:Jurkat
 (中略)
553 "thyroid, fetal"
554 "tongue, fetal"
555 "trachea, fetal"
556 "umbilical cord, fetal"
557 "uterus, fetal"
```

557行，すなわちカラムとしては557列あることがわかる。最初のカラムは **NCBI_GeneID** であるため，サンプルとしては556種類ということになる。

この RefEx の FANTOM5 ヒト CAGE データセットと，自ら測定した RNA-seq データを統合することで発現データ比較を行った研究がある[3]。この研究においては，この中の **69 colon carcinoma cell line:CACO-2** と **514 "small intestine, adult"** を抜き出してデータ再利用を図っている。ここでは，この際に行った操作を例に，データの抜き出しを説明する。前述のサンプル名にも付与してある行番号の数字を使って，**cut** コマンドで簡単に抜き出すことができる。

[3] Ichino F et al., Drug Discov Ther. 12, 7 (2018) https://doi.org/10.5582/ddt.2018.01004

```
# 69, 514カラム目に加えて，遺伝子IDの入った1カラム目も入れてカラム抽出
% cut -f 1,69,514 RefEx_expression_CAGE_all_human_PRJDB3010.tsv > 
RefEx_1-69-514.txt
# 抽出結果を見る
% less -x 34 RefEx_1-69-514.txt
NCBI_GeneID        colon carcinoma cell line:CACO-2    "small intestine, adult"
2                  0                                   5.328501761
9                  2.264107988                         2.66382864
10                 0.448149231                         3.766170637
12                 0.991857044                         2.910402332
13                 0.353511395                         5.247833542
 (以下略)
```

ID による連結

「3.5 トランスクリプトーム解析」においては，定量した発現データを単に横方向に貼りつける操作を説明したが，ほとんどのデータ解析においては，それではデータをつなげていくことはできない。同じ ID をもったデータを対応づけて連結する必要があるのだ。

ID の包含関係

連結する前処理として，連結する対象の ID について調べる必要がある。その一番簡単な例は，ID のリストどうしの包含関係を調べることである。先にも述べたように，抽出した ID は他のものと比べるためには重複した ID がないよう，unique にする必要がある。ここでは先に Ensembl Biomart で得た GO:0061621 のアノテーションが付与された遺伝子群や各種ストレスで発現が上昇するとメタ解析の結果報告*されている遺伝子リストを使ってその包含関係を調べる例で紹介する。

> ここで利用した各種ストレスのメタ解析は以下の論文発表で報告されたデータに基づいている。
> 1. 低酸素ストレス https://doi.org/10.3390/biomedicines9050582
> 2. 酸化ストレス https://doi.org/10.3390/biomedicines9121830
> 3. 熱ストレス https://doi.org/10.3390/ijms241713444

```
# 先頭1行を飛ばし，遺伝子リストをsortし重複を除き，新たな遺伝子リストを作成する
% tail -n +2 hypoxiaUP.txt|sort -u > hypoxiaUP_u.txt
# 2つの遺伝子リストを連結，出てくる回数を数える
% cat GO:0061621.txt hypoxiaUP_u.txt|sort|uniq -c|sort -rn|less
      2 TPI1
      2 PFKP
      2 HK2
      2 ENO2
      2 ENO1
      1 ZNF654
      1 ZNF395
      1 ZNF292
      1 ZNF160
      1 WSB1
（以下略）
```

`sort -u` は `sort` した上で `uniq` コマンドをかける，`GO:0061621.txt` を作成した際のコマンドと同じ意味である．また，最後の行の `uniq -c` は重複の回数を数える便利なオプションであるが，入力はソートされている必要がある．この結果から，`TPI1`, `PFKP`, `HK2`, `ENO2`, `ENO1` の 5 つの遺伝子は 2 つの遺伝子リストに共通して現れる遺伝子ということがわかる．

この手法は比較する遺伝リストが 3 つ，4 つ，…と増えていっても利用可能である．ただ，3 つ以上になった場合は，2 つのリストにあると報告された遺伝子は，これだけではどのリストにあった遺伝子かは見分けがつかない．そこで，この包含関係を可視化する手段として用いられるのがベン図（Venn diagram）である．Calculate and draw custom Venn diagrams（http://bioinformatics.psb.ugent.be/webtools/Venn/）というウェブツールがあり，ID リストをアップロードするとベン図を作成してくれる．例えば，低酸素，酸化，熱の 3 種類のストレスによって発現が上昇するとメタ解析で報告されている 3 つの遺伝子リストのファイル（`HypoxiaUP.txt`, `OxidativeUP.txt`, `HeatUP.txt`）をアップロードすると図 3.32 のようなベン図が自動的に描画される．

データ連結の実際

まず，利用したいデータがどういった ID で記述されているのかを知る必要がある．RefEx のデータは，NCBI GeneID となっていて，前述の `mart_export.txt` には GeneName しかなく，そのままでは結合できない．この際にも Ensembl Biomart が活躍する．この場合には，Ensembl Biomart のサイトにアクセスして，Database に `Ensembl Genes 109`, Dataset に `Human Genes (GRCh38.p13)` を選んで，Attributes で `Gene name`（遺伝子名）に加えて，`NCBI gene ID` を選択してデータを再度抽出してみる（この例では，データの並び順は，Gene name, NCBI gene ID となっている）．抽出したファイルは，`mart_export3.txt` と名前をつける．

このファイルを使って，p.191 で抽出した遺伝子発現データを連結してみよう．

まずは，UNIX コマンドの `join` で成し遂げるやり方を説明する．このコマンドは実行する前に連結する 2 つのファイルを `sort` して並び替えておく必

> **GitHub ファイル取得**
> このファイル `mart_export3.txt` は，DrBonoDojo2 GitHub の 3-6 ディレクトリに置いてある．
> https://github.com/bonohu/DrBonoDojo2/blob/master/3-6/mart_export3.txt

要がある。ここでは，両方とも NCBI gene ID でソートする。

図3.32 ベン図によるデータセットの重なり具合の可視化
Calculate and draw custom Venn diagrams (http://bioinformatics.psb.ugent.be/webtools/Venn/) というウェブツールを用いると，ベン図と同時に下の表のような，どういったIDが共通していたか，各IDがどのカテゴリーに含まれるかといった包含関係も示してくれるので大変便利である。

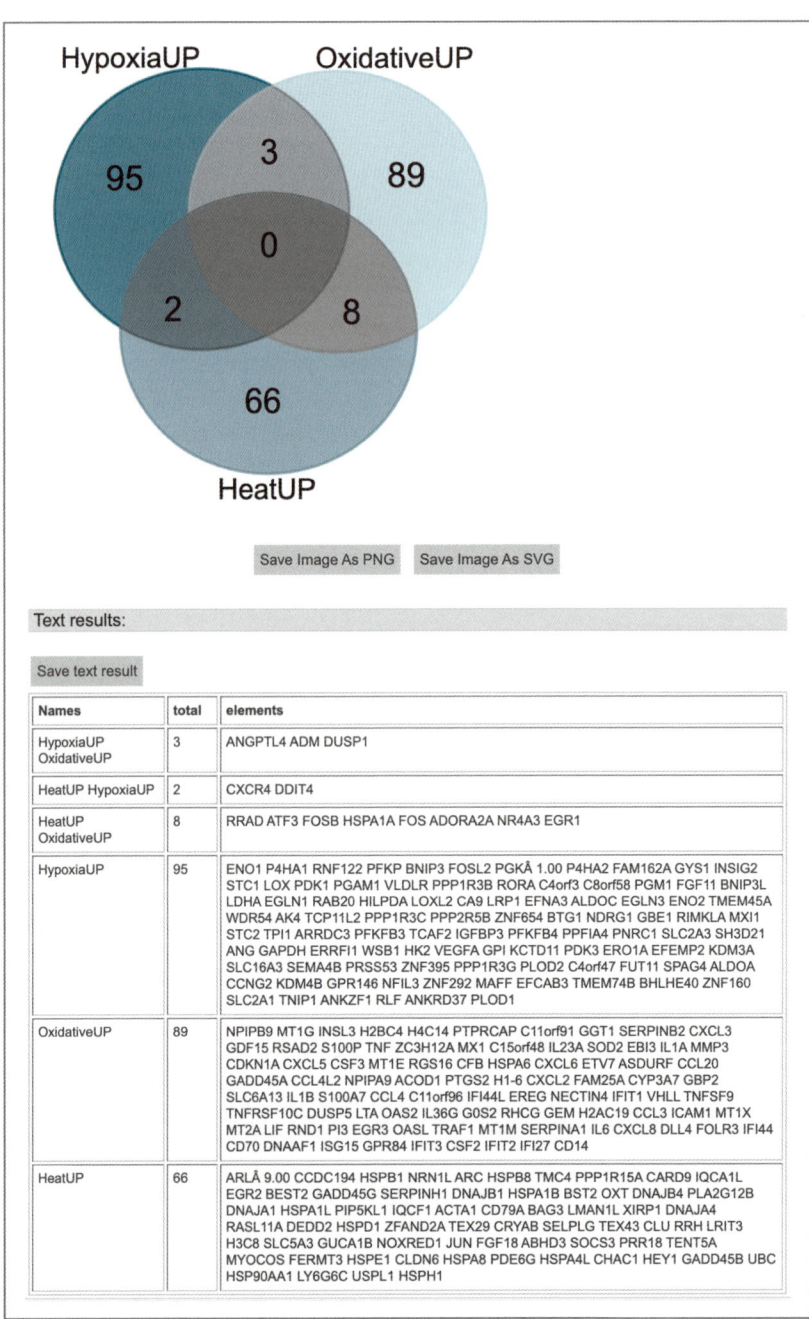

```
# 第2カラムでソートして別ファイルに保存
% sort -k2 mart_export3.txt > mart_export3_s.txt
# 第1カラム（デフォルト）でソートして別ファイルに保存
% sort RefEx_1-69-514.txt > RefEx_1-69-514_s.txt
# ソートした2つのファイルをjoinで連結
% join -1 2 mart_export3_s.txt RefEx_1-69-514_s.txt > RefEx_1-69-514_with_genename.txt
# 4番目のカラムの数値で降順ソートして連結した結果を見る
% sort -k4 -rn RefEx_1-69-514_with_genename.txt | less
229 ALDOB 0.448149231 9.671637002
290 ANPEP 1.57205436 9.17504184
337 APOA4 1.378366645 9.078263523
1670 DEFA5 0 9.02053661
567 B2M 5.79242899 8.509110284
60 ACTB 8.086497365 8.452748739
2168 FABP1 3.536873448 8.329141623
7178 TPT1 8.034366145 8.193206852
972 CD74 4.1281746 8.074404168
3512 JCHAIN 0 8.041595886
5284 PIGR 0 8.041123924
338 APOB 4.534342088 7.896025601
2169 FABP2 0 7.884265335
1671 DEFA6 0.132214463 7.874099011
56667 MUC13 1.873764832 7.83627845
5948 RBP2 3.674984247 7.810329411
2512 FTL 7.580128871 7.768956922
3960 LGALS4 0.24897202 7.762182107
71 ACTG1 7.591322958 7.761590818
（以下略）
```

この例では抜き出してから，さらに第4カラム（`colon carcinoma cell line`: CACO-2の発現値）で降順に並び替えることで，高発現の遺伝子から順にリストされるようになっている。

また，複数の文字列をパターンとして検索したい場合には，`grep`の代わりに`fgrep`を用いるとよい。パターンリストのファイル（`patternlist.txt`）は改行区切りで，以下の例のように`-f`でそのファイル名を指定して実行する。

 **Dr. Bono から**

実は`grep`にも`-f`オプションはある。こちらを使って実行するやり方でももちろんよい。

```
# パターンリストのファイルを確認
% cat patternlist.txt
ALDO
HIF
PPAR
# ALDOまたはHIFまたはPPARという文字を持つ行だけ抽出
% fgrep -f patternlist.txt RefEx_1-69-514_with_genename.txt | sort -k4 -rn | less
229 ALDOB 0.448149231 9.671637002
226 ALDOA 6.023212336 6.221699133
6888 TALDO1 5.06999849 4.50303226
3091 HIF1A 4.60746611 4.271295538
10891 PPARGC1A 0 3.936527833
133522 PPARGC1B 2.219038051 3.636702131
5465 PPARA 0.938006738 3.31872422
55662 HIF1AN 3.727338615 3.228140204
5468 PPARG 2.015201814 3.174745236
230 ALDOC 2.321205614 2.931196759
64344 HIF3A 1.224658046 2.827187967
5467 PPARD 1.873764832 2.789967047
（以下略）
```

次に，ちょっとしたプログラミングで同じことを実現するやり方を紹介する。ハッシュと呼ばれるデータ型を利用する方法で，このようなデータを連結する際には頻繁に用いられる。その場合の Perl のコード（**join.pl**）は以下のとおりである。

join.pl

```perl
#!/usr/bin/env perl
my $file = shift(@ARGV); # 記憶するファイル名を指定
open(FILE, $file) or die "$!\n"; # ファイルを開く
while(<FILE>) { # ファイルを1行づつ処理する
        chomp; # 行末の改行文字を取り除く
        my($value,$id) = split(/\t/); # タブでファイルを切って，第1カラムを$value，第2カラムを$idに代入
        $valueof{$id} = $value; # ハッシュで記憶させる
}
close FILE; # ファイルを閉じる

while(<STDIN>) { # 標準入力から1行づつ処理する
        chomp;
        my($id) = split(/\t/); # タブでファイルを切って，第1カラムに代入
        print "$valueof{$id}\t$_\n"; # $idをキーに上で記憶したデータを引き出して同時に表示
}
```

これをコマンドラインから実行するには以下のようにする。

```
# join.plの実行
% perl join.pl mart_export3.txt < RefEx_1-69-514.txt
```

Perlによるこちらのメリットは，**sort**する必要がなく，また出力がカスタマイズできることである。そういったこともあり，何でもUNIXコマンドでやる派のDr. Bonoでも，この種の操作は後者のPerlのプログラムを使うことが多い。

連結するための処理

前述の例では必要なかったが，システマティックなIDの変換処理が必要となることもある。

バージョン情報つきのDDBJ/ENA/GenBank ID（例えば，**BC012527.2**）やEnsemblのID（例えば，**ENSG00000198763.3**）は，バージョンが違うだけで連結できない場合を排除するため，IDを連結する際にはバージョン情報をトリミングしたほうがよい。バージョン情報を削るには，2.5節で例に出したバージョンつきのIDも含まれた，改行区切りで書かれたファイル**entries.txt**に対して以下のようにすればよい。

```
# バージョン情報をトリミング*
% perl -i -pe 's/^(\w+)\.\d+/$1/' entries.txt
```

-i オプションによって，処理後のファイルは**entries.txt**として出力され，入力した元のファイルは**entries.txt~**として保存される。

また，TransDecoderを実行した際に得られる配列のIDに関しても，「3.4 タンパク質構造解析」でも述べたように**.p1**などがもとのIDに対して付与されている。そういった事情を知らないと，例えば特定のドメインをもつタンパク質配列のもとの塩基配列を探す際にまったく対応がつかないという事態に陥る。

具体的な例を出そう。TransDecoderで変換したIDが以下のように改行区切りで書かれたファイルであったとする。

```
# TransDecoderによって作成されたタンパク質のアミノ酸配列のIDを元の塩基配列のIDに変換
% less Enolase_C-IACV01.txt
IACV01121558.1.p2
IACV01121559.1.p2
IACV01093882.1.p2
IACV01087655.1.p1
IACV01121563.1.p1
```

このIDリストに対して，TransDecoderを実行する前のもとのIDに復元するには以下のようにすればよい．

```
# バージョン情報をトリミング
% perl -i~ -pe 's/^(\w+)\.p\d+/$1/' Enolase_C-IACV01.txt
```

改行区切りのIDリストではなく，TransDecoderで得たFASTA形式ファイルのIDを直接変換する場合は，以下で可能である．

```
# バージョン情報をトリミング（FASTA形式ファイルのヘッダ編）
% perl -i~ -pe 's/^\>(\w+)\.p\d+/\>$1/' IACV01.1.fsa_nt.transdecoder.pep
```

しかしながら「3.4 タンパク質構造解析」で述べたように，1つの転写配列から複数のタンパク質アミノ酸配列が予測されている場合もあり，同じIDのアミノ酸配列が複数できる危険性があるので，実行する際には注意が必要である．

一対多のデータ処理

単純な一対一のIDの連結ならこういったやり方でよいのだが，1つのIDに対して複数の他のDBのエントリが対応する状況（一対多）がままある．まず，現在のデータがどういう状況になっているかを把握するために，IDだけを抽出して重複を除いて数えることからはじめよう．

```
# 第1カラムだけ抜き出して，ファイルの行数を数える
% cut -f 1 RefEx_1-69-514.txt | wc -l
18503
# 第1カラムだけ抜き出し，ソート＆重複を除いて，新たなファイルに書き込む
% cut -f 1 RefEx_1-69-514.txt | sort -u > RefEx_1uniq.txt
# 再度，ファイルの行数を数える
% wc -l RefEx_1uniq.txt
18503
```

この例の場合，同じ値（**18503**）が返ってきたので，重複はおそらくはないということになる。

このようにチェックが必要なのは，重複したデータがあるとデータ連結する際に問題となるからである。同じ ID に対応するデータが複数あると，前述のPerlのスクリプトをそのまま実行するとデータが失われる状況となる。データを失わないようにデータ連結するためには，スプレッドシートの行数が増え，複数回出てくるエントリが生じるのである。そのスプレッドシートから特定のカラムだけ抜き出す作業をするとどうしても重複する行が出てくる。この際に同じ内容の行を消す作業が必要となる。それもあって Dr. Bono は，TIBCO Spotfire という Business Intelligence（BI）ツールを使って ID をキーにしたデータ連結を行い，それに続くデータの可視化を行うことも多い（https://www.tibco.com/products/tibco-spotfire）。Spotfire の使い方など詳細は，統合 TV などを参照されたい（参照）。

何て呼んだらいいの
Spotfire
「スポットファイアー」

 統合 TV

「Spotfireを用いた公共マイクロアレイデータとローカルなデータの統合2019」
https://doi.org/10.7875/togotv.2019.060

「Spotfire Cloudの使い方」
https://doi.org/10.7875/togotv.2017.036

■ ゲノム上の座標による連結

ここまでデータベースにすでに割り当てられた ID をマッチさせる話ばかりしてきたが，データ統合のやり方としてはそれだけではない。ゲノム上の座標の情報を使って，近くにあるものはないかといったことを探すことも，もちろん可能である。

例えば，ChIP-seq の結果はゲノム座標で出力されるため，既知遺伝子の転写開始点からの距離が 5 kb 未満のところを探すなどという使い方が考えられる。「3.2 配列類似性検索」で作成した HIF1A の ChIP-seq 結果 **HIF1A_hg38_lo.bed** を使って，ピークのあった領域の 5 kb 近傍に E-box（**CACGTG**）がないか，調べてみよう。3.2 節ではピーク領域のゲノム座標情報から塩基

何て呼んだらいいの
GGGenome
「ゲゲゲノム」

統合TV

「GGGenomeを使って高速塩基配列検索をする2018」
https://doi.org/10.7875/togotv.2018.170

現状，以下のGGGenome APIでは一回のアクセスで10万件という制限がかけられており，以下の操作では完全なデータセットは得られない．その場合には，数回に分けてデータを取得する工夫が必要となる．例えば，パターンをCACGTGA，CACGTGC，CACGTGG，CACGTGTの4つに分割し，後で一緒にするなどである．

＋鎖，－鎖をそれぞれ同じ方向（5′→3′）からみると同一の塩基配列になる部分のこと．

GitHub ファイル取得

このファイル**sayamatcher.pl**は，DrBonoDojo2 GitHubの3-6ディレクトリに置いてある．
https://github.com/bonohu/DrBonoDojo2/blob/master/3-6/sayamatcher.pl

配列を抽出する方法を説明したので，もちろんそれを応用し前後5 kbの塩基配列を抽出してその中にE-boxがないかどうか調べるやり方も可能である．ここではそうではなく，GGGenomeという超絶高速にゲノム中のこの種のパターンを検索して結果を返してくれるサービスから得られるゲノム座標によってデータを連結してみよう（▶参照）．

hg38のGGGenomeのウェブサイト（https://gggenome.dbcls.jp/hg38/）で，**CACGTG**を検索して結果を得ればよい．約30万箇所，hg38のヒトゲノム中にはE-boxとの完全マッチがあることが瞬時にわかる*．また，E-boxのパターンはパリンドローム配列*（**CACGTG**）なので，ゲノム配列検索は＋鎖と－鎖の両方でなく，片側だけで事足りるので，＋鎖だけを検索すればよい（https://gggenome.dbcls.jp/hg38/+/CACGTG）．これをBED形式のファイルとするには，前述のURLに**.bed**をつけるだけで得られる．

```
# GGGenomeの結果をBED形式で保存
% curl -O http://gggenome.dbcls.jp/hg38/+/CACGTG.bed
```

CACGTG.bedという名前のファイルで結果がBED形式で得られる．これら2つのファイル（**HIF1A_hg38_lo.bed**と**CACGTG.bed**）を使って，ゲノム座標でのChIP-seqピークの周辺領域とE-boxの重なりを探し求めることが可能である．

sayamatcher.pl

```perl
#!/usr/bin/env perl
my $chr = shift(@ARGV);
my $file = "HIF1A_hg38_lo.bed";
my $range = 5000;
my %peak ;
open(FILE, $file) or die "$file:$!\n";
while(<FILE>) {
    chomp;
    my ($chrchr, $start,$stop) = split(/\t/);
    if($start > $stop) {
        print STDERR "invalid entry $_\n";
        exit 1;
    }
```

```perl
    if($chr eq $chrchr) {
        for my $i ($start-$range..$stop+$range) {
            $peak{$i} = $i;
        }
    }
}
close FILE;

while(<STDIN>) {
    chomp;
    my ($chrchr, $start,$stop) = split(/\t/);
    next unless($chr eq $chrchr);
    if(defined($peak{$start}) or defined($peak{$stop})) {
        print "$chrchr\t$start\t$stop\n";
    }
}
```

以上のコード（**sayamatcher.pl**）は各染色体ごとに実行する必要がある。ゲノム全体に対してすべて検索するには，以下のようなシェルスクリプト（**sayamatcher.sh**）から実行する。

sayamatcher.sh

```
#!/bin/sh
# 染色体ごとに実行するためのコマンド
% for i in `seq 1 22` X Y; do
 perl sayamatcher.pl chr$i < CACGTG.bed
done
```

> **GitHub ファイル取得**
>
> このファイル**sayamatcher.sh**は，DrBonoDojo2 GitHubの3-6ディレクトリに置いてある。
> https://github.com/bonohu/DrBonoDojo2/blob/master/3-6/sayamatcher.sh

実際の実行結果は以下のとおりである。

```
% sh sayamatcher.sh
chr1    628676  628682
chr1    636896  636902
chr1    8878326 8878332
chr1    8878372 8878378
chr1    8878452 8878458
chr1    8879279 8879285
chr1    8879477 8879483
chr1    8883922 8883928
```

> Galaxyについては,『Dr. Bonoの生命科学データ解析第2版』のp.197も参照。

　上記のようなプログラムを書く代わりに,Galaxy（https://usegalaxy.org/）というGUIのゲノム配列データ解析環境を使ってこの種のゲノム座標による演算をすることも可能である。

コマンド索引

本書内で使われているコマンドと，利用した機能を示した．

awk（スクリプト言語 awk を実行する） 128
blastdbcmd（BLAST DB 中の配列を抜き出す） 109, 112, 129
blastn（query も DB も塩基配列で，塩基配列レベルで BLAST 検索する） 34, 104
blastp（query も DB もタンパク質配列で BLAST 検索する） 108, 126
blastx（query が塩基配列で，翻訳してタンパク質配列 DB を BLAST 検索する） 108, 126
brew（パッケージマネージャー Homebrew を実行する） 48
byobu（仮想端末管理ソフトウェアのラッパー） 63
bzip2（gzip よりも圧縮効率のよい圧縮コマンド） 28
cat（ファイルの中身を連結する） 23
cd（今いるディレクトリを変更する） 19
chmod（ファイルの権限を変更する） 24
chown（ファイルの所有者を変更する） 25
clustalo（多重配列アライメントプログラム Clustal Omega を実行する） 130
conda（パッケージマネージャー Anaconda を実行する） 32c
cp（ファイルやディレクトリをコピーする） 21
curl（http, ftp でアクセスしてファイルを取得する） 71
Cut（テキストファイルの特定の列を抜き出す） 191
df（ディスクの空き容量を表示する） 26
du（特定のディレクトリ以下のファイル容量を表示する） 26
echo（その後に書いてある文字列を出力する） 28
env（環境変数を確認する） 34
fasterq-dump（SRA からファイルを取得し，SRA 形式ファイルを FASTQ 形式ファイルに変換する） 113, 166
fastp（解析に使用する配列に対しトリミング処理と品質管理を行う） 183
fastq2fasta（FASTQ 形式を FASTA 形式に変換する） 119
fasttree（系統樹を書くための newick フォーマットのファイルを作成する） 138
fgrep（複数の文字列パターンを検索して，該当行を出力する） 195
for .. do; ... done（シェルで繰り返し処理を行う） 76
git（Git のリポジトリに対してファイルを取得するなどのファイル操作を行う） 52
grep（引数で示した文字列が含まれる行を出力する） 23, 148
gunzip（圧縮されたファイルを展開する） 27
gzip（ファイルを圧縮する） 27
history（これまでに実行したコマンドをリストで表示する） 33

hmmpress（HMM プロファイル DB の index を作成する） 156
hmmscan（特定のタンパク質配列を使ってそれに含まれるドメインを検索する） 156
hmmsearch（HMM プロファイルを使ってタンパク質配列データベースを検索する） 149
htop（CPU の使用率, メモリの使用状況を表示する） 32c
interproscan（InterPro に参加しているデータベースをタンパク質配列情報で検索する） 144
join（共通するキーでそれぞれのファイルの列を結合する） 193
kill（プロセス番号を指定してプロセスを停止させる） 31
less（ファイルの中身を 1 ページごとに表示する） 23
lftp（ftp プロトコルでファイルを取得する） 79
ln（シンボリックリンクを作成する） 65
ls（カレントディレクトリにあるファイルやディレクトリを表示する） 21
mafft（多重配列アラインメントプログラム mafft を実行する） 135
makeblastdb（BLAST 検索用の index を作成する） 108, 122
md5sum（データ転送が問題なく実行されたか確認するための MD5 値を計算する） 86
mkdir（ディレクトリを作成する） 20
mv（ファイルやディレクトリを移動する） 21
open（Finder で指定のファイルを開いたり, フォルダを表示する） 19
pbzip2（並列処理版の bzip2） 28
perl（スクリプト言語 Perl を実行する） 54, 112, 141, 197
pigz（並列処理版の gzip） 28
prefetch（SRA からファイルを取得し, SRR ID ごとにその ID 名でディレクトリを作成し, 保存する） 91
ps（実行中のプロセスとプロセス番号を表示する） 31
pwd（現在いるディレクトリを表示する） 19
pymol（タンパク質の立体構造を描画するソフト PyMol を実行する） 160
revseq（相補鎖の DNA 配列を出力する） 45
rm（ファイルを消去する） 22
rmdir（ディレクトリを消去する） 20
rstudio（スクリプト言語 R の統合開発環境 RStudio を起動する） 180
rsync（サーバ間やローカルディスク間でファイル, ディレクトリを同期させる） 61
salmon（発現定量解析プログラム salmon を実行する） 165
scp（ネットワーク越しにファイルをコピーする） 61
sed（行単位で置換などのテキスト処理を行う） 29
seq（連続する数字を出力する） 50, 76
sort（テキストファイルの行の並び替えを行う） 172
ssh（外部のマシンにログインする） 59
ssh-keygen（ssh で使う暗号鍵を作成する） 60
sudo（スーパーユーザー権限でコマンドを実行する） 25

tar（複数のファイルを 1 つのファイルにまとめる） 27
tblastn（query がアミノ酸配列で，塩基配列の DB を翻訳しながら BLAST 検索する） 107, 120
tblastx（query も DB も塩基配列で，両方翻訳しながら BLAST 検索する） 107, 120
time（プロセスの実行にかかった時間を表示する） 33
top（システム上で実行中のプロセスをみる） 31
TransDecoder.LongOrfs（TransDecoder でコード領域を探索する） 154
TransDecoder.Predict（TransDecoder でコード領域を選抜する） 154
uniq（ファイルから重複する行を削除する） 192
wc（ファイルの byte 数，文字数，行数を数える） 24
wget（http, ftp でアクセスしてファイルを取得する） 72
which（コマンドのパスを表示する） 33

用語索引

欧文，和文の順に掲載。c はコラム，t は表を表す。

欧文索引

記号・数字
: (コロン)　61
. (カレントディレクトリ)　35
* (ワイルドカード)　22
/ (スラッシュ)　18
\ (バックスラッシュ)　30c
#　19
%　19
` (バッククオート)　76
< (リダイレクト)　29
> (リダイレクト)　29, 30c
>> (追記のリダイレクト)　31
| (パイプ)　28, 30c
~ (チルダ)　18, 30c
2> (リダイレクト)　29

A
alignment-free　164
Anaconda　37
APFS (Apple File System)　11
awk　54

B
bam2wig　35
bash　32
Basic Local Alignment Search Tool (BLAST)　102
BED 形式　110
Bioconda　37
Bioconductor　170
BioContainers　49c, 58
BLAST　102
　　プログラム　109t
BLAST 検索　74, 120
Bowtie　95
bwa (Burrows-Wheeler Aligner)　94

byobu　64, 85

C
CAGE (cap analysis of gene expression)　190
Calculate and draw custom Venn diagrams　193
CellFishing.jl　57
CLI (command line interface)　15
Clustal Omega　130
ClustalW　130
core　5c
coreutils　40
CRAN (The Comprehensive R Archive Network)　55
Cufflinks　163
cumulative proportion　182
curl　70
current directory　19
cutadapt　183
CWL (Common Workflow Language)　58

D
DBCLS (ライフサイエンス統合データベースセンター)　189
DB エントリ　78c
de novo assembly　163
de novo transcriptome assembly　183
DEG (differentially expressed genes) 解析　173
DHCP (Dynamic Host Configuration Protocol)　7
DNS (Domain Name System)　8
Docker　57
DOI (digital object identifier)　190
domain　143
domain architecture　159

DoMosaics　160
DRA (DDBJ Sequence Read Archive)　118

E
EBI (European Bioinformatics Institute)　144
EMBOSS (The European Molecular Biology Open Software Suite)　42
Ensembl　186
Ensembl BioMart　187
Ensembl human genome　79
exFAT　12
expression matrix　178

F
family　143c
FANTOM　189
FASTA 形式　74
fasterq-dump　91, 118
fasttree　138
figshare　190
Fink　49c
ftp:　73c

G
Galaxy　202
GENCODE　90
gene set enrichment analysis　174
genome mapping　163
GitHub　52
GO (Gene Ontology)　187
GTEx　189
GUI (graphical user interface)　15
gzip 圧縮　27

H
HISAT　97

HISAT2　164
HMM（hidden markov model）　144
HMMER　148
HMM プロファイル　148
Homebrew　47
Homologene　125
http:　73c
hybridization　163
hyper threading　5c

I
ID　192
InterPro　144
IP アドレス　7

J
Jalview　137
Julia　57
Jupyter notebook　56, 181c

K
kallisto　165
kernel　32

L
LAN（Local Area Network）　7
lift over　111
local alignment　116

M
MacPorts　49c
mafft　135
MD5（message digest algorithm5）　86c
MEGA　139
microarray　163
miniconda　37
module　143c
motif　143
multi-FASTA 形式　114
multiple sequence alignment　124

N
NGS（next generation sequencer）　16

northern blotting　163

O
ORFs（Open Reading Frames）　151

P
paired-end　93, 167
pass phrase　60
PCA（principal component analysis）　180
PDB（Protein Data Bank）　160
PDBj（Protein Data Bank Japan）　160
Perl　54
Pfam　144
PGAP（NCBI Prokaryotic Genome Annotation Pipeline）　58
pip（Pip Installs Packages/Pip Installs Python）　56
position specific score matrix　148
prefetch　91
public key　60
Python　56

Q
QC（quality control）　183
query　102

R
R　55
RefEx　189
RefSeq　186
RNA-seq データ解析　163, 164t
RNA シーケンス（RNA-seq）　97
RStudio　180
Ruby　55

S
salmon　165
SAM-BAM 変換　96
samtools　96
screen　63
sequence logo　137
Sequence Set Browser　151
sequenceserver　120

signature　143c
SRA（Sequence Read Archive）　17, 91, 118
STAR　98
StringTie　164
SwissProt　79

T
Tensorflow　56
terminal　17
thread　5c
TIBCO Spotfire　199
Time Machine　12
tmux　63
TOGOWS　73
TopHat　163
TransDecoder　153
Trinity　185
TSA（Transcriptome Shotgun Assembly）　151
tximport　170

U
UniProtKB　79
UNIX コマンドライン　15
URI（Uniform Resource Identifier）　8
URL（Uniform Resource Locator）　8
USB 接続機器　23c

V
Venn diagram　193

W
WebLogo　138
working directory　19

Z
Zn フィンガー　143

和文索引

あ
アクティビティモニタ　9
アクセッション番号　70
アクティビティモニタ　9
アノテーションデータ, 遺伝子——
　　186
アラインメント, 多重配列——　124

一対多のデータ処理　198
位置特異的スコア行列　148
遺伝子アノテーションデータ　186
遺伝子発現, リファレンスデータセッ
　　ト　189

エスケープ文字　66
遠隔操作, コンピュータの　59
エントリ名　70
エンリッチメント解析　174

オーソロガス遺伝子(オーソログ)
　　187
オープンリーディングフレーム　151

か
書き込み権　24
隠れマルコフモデル　144
カーネル　32
カレントディレクトリ　19, 92
環境変数　34

機能アノテーション　90, 114
キーバインド　65
局所的アラインメント　116

グラフィカルユーザインタフェース
　　(GUI)　15
繰り返し処理　49
グルー言語　54

系統樹, 結果の解釈　140
系統樹描画プログラム　139
ゲノムアセンブリ　88
ゲノムアノテーション　90
ゲノム座標　110, 200
ゲノム配列　88
ゲノム配列解析　87
ゲノムマッピング　94

コア　5c
公開認証鍵　60
公共データベース　70
コマンドオプション　20
コマンドサーチパス　34
コマンドライン　15

さ
座標変換, ゲノム上の——　111

シェルコマンド　32
シェルプログラミング　37
シークエンスロゴ　137
シグネチャー　143c
次世代シークエンサー (NGS)　16
実行権　24
実行の脈絡　5c
質問配列　102
主成分分析　180
ショートリードシークエンサー　183
シンボリックリンク　64

スキーム名　73c
スクリプト言語　53
ストレージ　7
スプライスマッピング　97
スレッド　5c

セキュリティ問題　101c
絶対パス　20c
相対パス　20c

た
多重配列アラインメント　124
　　可視化　137
　　実行　130
ターミナル　9, 17
タンパク質構造解析　143
タンパク質ドメイン　156

検索結果の可視化　160
断片配列　87

ディスクユーティリティ　11
ディレクトリ　18
テキストエディタ　52c
データ取得　70
データ統合解析　186
データ連結　193

ドメイン　143
ドメイン構成　159
トランスクリプトームアセンブリ
　　151
トランスクリプトーム解析　163

な
ノーザンブロッティング　163

は
ハイパースレッディング　5c
ハイブリダイゼーション　163
配列取得　124
配列類似性検索　102, 126
パス　18
パスフレーズ　60
バックアップ　12
発現行列　178
発現差解析　172
発現定量解析　165
バッチスクリプト　51
パリンドローム配列　200

標準エラー出力　29
品質管理　29

ファイルの圧縮　27
ファイルの権限　24
ファイル名補完機能　32
ファミリー　143c
ファンクションキー　67
フォーマット　11
ブートストラップ確率　138
プログラミング言語　53
プロセス操作　31

分子系統樹作成　124

ペアエンド　93, 167
並列版圧縮プログラム　168c
ベン図　193

ホモログ　125

ま
マイクロアレイ　163

ミラーCRAN　170

メタゲノムデータ解析　117

メモリ　7

モジュール　143c
モチーフ　143

や
有用ユーティリティ　9

予測遺伝子セット　114
読み込み権　24

ら
ライフサイエンス統合データベースセンター（DBCLS）　189

リード　87
リファレンスゲノム配列データ　88
リファレンスデータセット　186
リフトオーバー　111

累積寄与率　182

わ
ワーキングディレクトリ　19
ワンライナー　54

著者紹介

Dr. Bono こと，坊農秀雅（Dr. Hidemasa Bono）

広島大学大学院統合生命科学研究科／ゲノム編集イノベーションセンター 教授
大学共同利用機関法人 情報・システム研究機構 データサイエンス共同利用基盤施設
ライフサイエンス統合データベースセンター（DBCLS）客員教授
京都大学博士(理学)

2020年4月，広島大学ゲノム編集先端人材育成プログラム(卓越大学院プログラム)においてバイオインフォマティクスを教える特任教員に転職。これまでの公共データベースを作成・維持し普及する立場から，その使い方を教えながら自らも使い倒す側になった。

しかし前職とは異なり自らが研究室主宰者(PI)としてゲノム情報科学研究室(bonohulab)を立ち上げ，遺伝子機能解析のツールとして広く使われるようになってきているゲノム編集で必要とされるデータ解析基盤技術を開発し，バイオインフォマティクス手法を駆使した遺伝子機能解析を行っている。

産官学連携の「共創の場」となるべく，有用物質生産生物のゲノム編集に必須なゲノム解読やトランスクリプトーム測定が可能となるようなウェットラボもセットアップし，これまでのアカデミアの共同研究者たちに加えてゲノム編集を利用していきたい企業との共同研究も広く手がけようとしている。

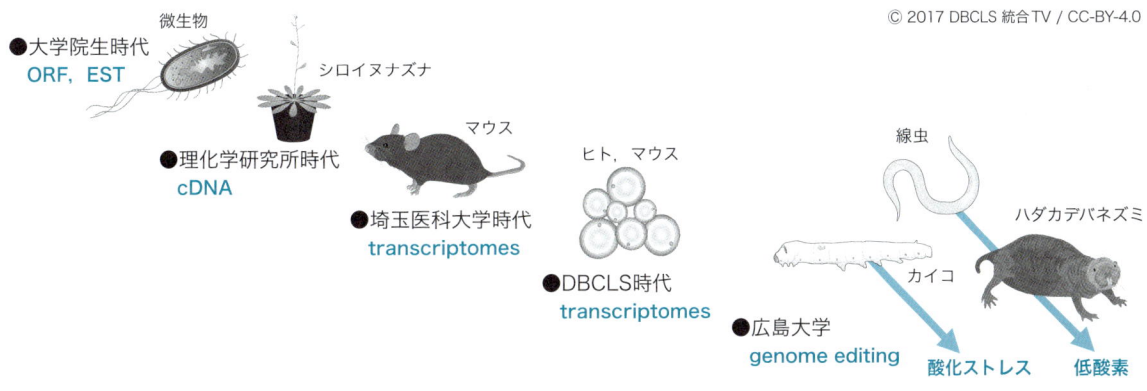

© 2017 DBCLS 統合TV / CC-BY-4.0

1995年	東京大学教養学部 卒業
2000年	京都大学大学院理学研究科生物物理専攻博士後期課程 単位取得退学後，理学博士
2000年	理化学研究所 横浜研究所 ゲノム科学総合研究センター 遺伝子構造・機能研究グループ 基礎科学特別研究員
2003年	埼玉医科大学ゲノム医学研究センター 助手，その後講師，助教授を経て，准教授
2007年	情報・システム研究機構ライフサイエンス統合データベースセンター（DBCLS）特任准教授
2020年	広島大学大学院統合生命科学研究科 特任教授，その後2023年より教授

DBCLSにjoinするまでのキャリアパスは 統合TV も参照。
「生命科学分野のデータベースを統合する仕事：落ちこぼれ大学生が.DB(Doctor of the database)にいたるまで」
https://doi.org/10.7875/togotv.2010.007

なお，本書の正誤表は，以下のURLから公開されている。
https://www.medsi.co.jp

Twitterで #drbonodojo ハッシュタグをつけて呟くと，Dr. Bonoからの返信があるかもよ。

生命科学者のための
Dr. Bono データ解析道場 第2版
全パソコン対応でスグに使える ずっと使える

定価：本体 3,200 円＋税

2019 年 9 月 26 日発行　第 1 版第 1 刷
2023 年 12 月 5 日発行　第 2 版第 1 刷 ©

著　者　坊農　秀雅
　　　　ぼうのう　ひでまさ

発行者　株式会社 メディカル・サイエンス・インターナショナル
　　　　代表取締役　金子　浩平
　　　　東京都文京区本郷 1-28-36
　　　　郵便番号 113-0033　電話 (03)5804-6050

　　　　組版：日本制作センター
　　　　印刷：三報社印刷
　　　　装丁・イラスト：ウチダヒロコ

ISBN 978-4-8157-3088-8　C3047

本書の複製権・翻訳権・上映権・譲渡権・貸与権・公衆送信権(送信可能化権を含む) は (株) メディカル・サイエンス・インターナショナルが保有します。
本書を無断で複製する行為 (複写, スキャン, デジタルデータ化など) は,「私的使用のための複製」など著作権法上の限られた例外を除き禁じられています。大学, 病院, 診療所, 企業などにおいて, 業務上使用する目的 (診療, 研究活動を含む) で上記の行為を行うことは, その使用範囲が内部的であっても, 私的使用には該当せず, 違法です。また私的使用に該当する場合であっても, 代行業者等の第三者に依頼して上記の行為を行うことは違法となります。

JCOPY 〈出版者著作権管理機構 委託出版物〉
本書の無断複製は著作権法上での例外を除き禁じられています。
複製される場合は, そのつど事前に, 出版者著作権管理機構
(電話 03-5244-5088, FAX 03-5244-5089, info@jcopy.or.jp)
の許諾を得てください。